U0928665

好习惯成就男孩一生

连山　编著

中华工商联合出版社

图书在版编目（CIP）数据

好习惯成就男孩一生 / 连山编著 . -- 北京 : 中华工商联合出版社 , 2017.7（2021.6 重印）

ISBN 978-7-5158-2053-8

Ⅰ . ①好…　Ⅱ . ①连…　Ⅲ . ①男性—习惯性—能力培养—青少年读物　Ⅳ . ① B842.6-49

中国版本图书馆 CIP 数据核字（2017）第 171532 号

好习惯成就男孩一生

作　　者：连　山
责任编辑：林　立
装帧设计：北京东方视点数据技术有限公司
责任审读：魏鸿鸣
责任印制：迈致红
出版发行：中华工商联合出版社有限责任公司
印　　刷：唐山富达印务有限公司
版　　次：2018 年 1 月第 1 版
印　　次：2021 年 6 月第 2 次印刷
开　　本：710mm × 1020mm　1/16
字　　数：210 千字
印　　张：16
书　　号：ISBN 978-7-5158-2053-8
定　　价：78.00 元

服务热线：010-58301130
销售热线：010-58302813
地址邮编：北京市西城区西环广场 A 座
19-20 层，100044
http: //www.chgslcbs.cn
E-mail: cicap1202@sina.com（营销中心）
E-mail: gslzbs@sina.com（总编室）

前　言

每个男孩都拥有青春的梦想，每个男孩都想努力塑造自我，每个男孩都想有出众的成绩、较强的能力，长大以后能够出人头地、功成名就，集光环与荣耀于一身。然而，在人生的道路上，有的男孩会实现自己的梦想成为精英，成长为卓尔不凡的优秀男子汉，而有的男孩则会表现平平，最终庸庸碌碌过一生。为什么会有如此大的差异？是否拥有好习惯是造成巨大人生差异的重要原因？

柏拉图说："人是习惯的奴隶。"习惯的力量是巨大的，人一旦养成一个习惯，就会不自觉地在这个轨道上运行。习惯是行为的自动化，不需要特别的意志力，不需要别人的监控，在什么情况下就按什么规则去行动。习惯一旦形成，便成为一种半自动化的潜意识行为，对人生、事业、生活起着永久性的作用。无论我们是否愿意，习惯总是无孔不入，它渗透在我们生活的方方面面。一个人一天的行为中，大约只有5%是属于非习惯性的，而剩下的95%的行为都是习惯性的。因此说，习惯一旦养成就成为支配人生的一种力量，它可以主宰人的一生。

拿破仑·希尔说："习惯能成就一个人，也能摧毁一个人。"古往今来，不知有多少人因为自己的坏习惯含恨终生，又有多少人因为自己的坏习惯找不到人生的幸福，更有甚者，因为自己的坏习惯葬送了最弥足珍贵的生命。在男孩的身上，往往是好习惯与坏习惯并存。那么，唯一能够有效改变男孩生活的方法便是最大限度地改变自身的不良习惯，像说谎、自卑、敏感、任性、懒散、生活自理能力差、花钱大手大脚、不懂礼貌……男孩改掉的坏习惯越多，距离成功和幸福的人生就越近。

养成良好的习惯，就如同为梦想插上翅膀，它将为幸福的人生打下坚实的基础。美国著名畅销书作者罗伯特·林格在《百万富翁的好习惯》一书中就强调了习惯的作用：“成功并不取决于超人的才智或特殊的技艺，也不主要取决于正规教育、勤奋工作或者好运气，成功属于虔诚地、持之以恒地去实践那些简单的良好习惯的人。”发明家爱迪生从小就有爱思考的习惯，后来他发明了电灯；伟大的文学家高尔基从小一直坚持写日记，后来从他的笔下“诞生”出了世界巨著；汽车大王福特从小养成了爱整洁的好习惯，他也曾因把一团废纸扔进了垃圾桶而被公司录用……许多例子都证明，良好的习惯是成功的开端，也是成功的基础和后盾。

孔子说：“少成若天性，习惯如自然。”意思就是小时候形成的良好行为习惯和天生的一样牢固。因此，男孩们要注意及早培养自己良好的行为习惯，这样会使自己受益终身。当然，习惯的养成，并非一朝一夕之事；要想改正某种不良习惯，也不可能一蹴而就。但只要男孩下定决心改变，就可以看到改变后的成效。

今天的坏习惯，会让明天变得不幸；而今天的好习惯，则可以让明天变得幸福。本书是男孩养成好习惯的有利帮手，它从影响男孩一生的习惯入手，用流畅生动的语言、贴近男孩生活现实的案例，探讨养成良好的习惯和戒除不良习惯对人生的积极意义，并详细介绍了在学习、品德、健康、自控能力、思维能力、理财、自立等各个方面的好习惯培养方法，帮助男孩循序渐进地培养良好的习惯，改变不良习惯，从而拥有成功人生。

一个人的好习惯越多，离成功就会越近；而一个人的坏习惯越多，离成功就会越远。所以男孩绝对不能忽视这小小的习惯，因为当好习惯成了一种自然，坏习惯改进了一小步，人生将会迈出一大步。

目 录

第一章
设定目标——让男孩掌握梦想的罗盘

规划能力让梦想起航

梦想是我们对于人生的美好期待，但是男孩想过要怎么样去实现梦想吗？或许很多人都会说要为了梦想而努力，但是如果进一步问：“你想过该怎样努力吗？”可能多数人都答不上来，这说明这些人没有想过或者没有认真地想过这个问题。事实上，这个问题很重要，它关系到我们的梦想能不能实现或者能在多大的程度上实现。下面我们来读一则故事，读过之后，相信你会找到这个问题的答案。

这则选登在《读者》上的故事描绘了主人公在一位朋友的启示下终于迈出了实现梦想的第一步的情景。

那时他19岁，在美国某城市的一所大学主修计算机专业，同时在一家科学实验室工作。他酷爱作曲，一直梦想着成为一名优秀的音乐人，出自己的唱片。

出于对音乐共同的热爱，他结识了一位与他同龄的酷爱作词的女孩，也正是这位聪慧的女孩让他在迷茫中找到了实现梦想的道路。

她知道他对音乐的执着，然而，面对那陌生的音乐界及整个美国陌生的唱片市场，他们没有任何渠道和办法。某一天，两人又是静静地坐着。他甚至不知道目前的自己应该做些什么。突然间，她很严肃地问了他一个问题："想象一下，5 年后的你在做什么？"他愣了，不知该如何回答。她转过身来，继续向他解释："你心目中'最希望'5 年后的你在做什么，你那个时候的生活是什么样子？"

他沉思过后，说出了自己的期冀：第一，5 年后他希望能有一张广受欢迎的唱片在市场上发行，得到大家的肯定；第二，他要住在一个充满音乐的地方，天天与世界上顶级的音乐人一起工作。

女孩后面的话对他意义重大，她帮助他做了一次时光推算：如果第五年他希望有一张唱片在市场上发行，那么，第四年他一定要跟一家唱片公司签上合约；而第三年他一定要有一个完整的作品能够拿给多家唱片公司试听；第二年，一定要有非常出色的作品已经开始录音了；这样，第一年，他就必须要把自己所有要准备录音的作品全部编曲，排练就位，做好充分准备；第六个月，就应该把那些没有完成的作品修饰完美，让自己从中逐一做出筛选；而第一个月就是要把目前手头的这几首曲子完工；因此，第一个星期就是要先列出一个完整的清单，决定哪些曲子需要修改，哪些需要完工。话说到此，她已经让他清楚自己当下应该做些什么。

对于他的第二个未来畅想，女孩继续推演着，如果第五年他已经与顶级音乐人一起工作了，那么第四年他应该拥有自己的一个工作室；而第三年，他必须先跟音乐圈子里的人在一起工作；第二年，他应该在美国音乐的聚集地洛杉矶或者纽约开始自己的音乐旅程。

他在这番时光推演中找到了自己的人生路线，他让未来决定自己当下应该做的事情。第二年，他辞掉了令人美慕的稳定工作，只身来到洛杉矶。第六年，他过上了当年畅想的生活。

这个故事读来意味深长。当男孩决定要通过努力来实现自己的梦想时，学学这位主人公，静静想想，为了实现梦想，你一个星期内要做到什么，一年内要做到什么，5 年内要达到什么样的目标……为了达到这些阶段性的目标，你必须完成哪些事。

如果你将自己的整个人生都按照这种方法重新做一番整理，那么你做的就是“规划”的工作，你完成了自己的人生规划。这种规划的能力对任何人而言都非常重要，因为只有进行合理规划，才能让梦想起航。如果你任由自己盲目地向前闯，而不考虑对人生进行的预算和统筹，那么，你的梦想之舟永远只能在浩瀚的人生中搁浅。

设定明确的目标

著名诗人流沙河在诗歌《理想》中这样说：“理想是石，敲出星星之火；理想是火，点燃熄灭的灯；理想是灯，照亮前行的路；理想是路，引你走向黎明。”这首诗中的“理想”就是我们所说的“目标”，目标在人的一生中具有引导和动力保障的作用，一方面能为人指引前进的方向，另一方面能给人以不断向前的推动力。一个人如果在生活中没有了目标，就会如同原来的比塞尔居民一样，永远也找不到自己的新天地。

比塞尔是西撒哈拉沙漠中的一颗明珠，每年有数以万计的旅游者聚集到这儿。可是在肯·莱文发现它之前，这里还是一个封闭而落后的地方。这儿的人没有一个走出过大漠，据说不是他们不愿离开这块贫瘠的土地，而是尝试过很多次都没有走出去。

肯·莱文当然不相信这种说法。他用手语向这儿的人问原因，结果每个人的回答都一样：从这儿无论向哪个方向走，最后还是转回到出发的地方。为了证实这种说法，他做了一次试验，从比塞尔村向北走，结果三天半就走了出来。

比塞尔人为什么走不出来呢？肯·莱文非常纳闷，最后雇了一个比塞尔人，让他带路，看看到底是为什么。他们带了半个月的水，牵了两峰骆驼，肯·莱文收起指南针等现代设备，只拄一根木棍跟在后面。

10 天过去了，他们走了大约 800 英里（约 1280 千米）的路程，第十一天的早晨，他们果然又回到了比塞尔。这一次肯·莱文终于明白了，比塞尔人之所以走不出大漠，是因为他们根本就不认识北斗星。在一望无际的沙漠里，一个人如果凭着感觉往前走，他会走出许多大小不一的圆圈，最后的足迹十有八九是一把卷尺的形状。比塞尔村处在浩瀚的沙漠中间，方圆上千公里没有一点参照物，若不认识北斗星又没有指南针，想走出沙漠确实是不可能的。

肯·莱文在离开比塞尔时，带了一位叫阿古特尔的青年，就是上次和他合作的人。他告诉这位汉子，只要你白天休息，夜晚朝着北面那颗星走，就能走出沙漠。阿古特尔照着去做了，三天之后果然来到了大漠的边缘。阿古特尔因此成为比塞尔的开拓者，他的铜像被竖在土地的中央，铜像的底座上刻着一行字：新生活是从选定方向开始的。

人生中的种种奋斗就像比塞尔人要走出沙漠的努力一样，如果你找不到自己人生的“北斗星”，你就永远不可能成长、进步，就不能充实快乐地走完人生，而只能原地踏步，或者付出许多艰辛和努力之后又回到原点。所以男孩们必须为自己设立一个明确的目标，这目标是成功的基石。有了目标，才能谈到规划，否则规划就成了无源之水、无本之木。设立目标是进行人生规划的第一步。

用心规划自己的人生线路

人的一生如此短暂，而想要获得成就，一定要投入很大的精力及很长的时间。以一天为例，只要集中精力有效利用这一天，日后还是会留有这一天努力的成果。所以男孩们必须用心对人生的线路进行规划。这就要求我们了解制订计划、达到目标的过程中自己所必须具备的素质、能力、条件等，找出限制目标实现的阻碍，如性格上的缺陷、情感过于轻浮、做事缺乏头脑，等等。这些都是阻止你前进的绊脚石，你必须先看清楚，正视它们，才能达到使梦想与现实完美统一的高度。

第一，了解自己想做什么。

按愿望关系分类，可将人分为：

（1）确切知道自己在生活中想做什么并且定会付诸实施的人。

（2）不知道也不想知道自己想做什么的人。他们害怕自己有理想。他们说："我实际想要的东西，从来没得到过，所以我干脆也不去想了。"这些人实际上并不知道他们想要做什么。一个愿望刚出现在他们的意识中，就已被他们扼杀在摇篮里："我能做到吗？我有资格做吗？别人将会怎么说呢？如果我不能胜任它，结果会怎样呢？"如果说这些人也想做些什么的话，那也只是别人想做的而不是他们自己想做的。

（3）看起来非常清楚自己想做什么的人。实际上他们对此一无所知。他们与上面提到的两类人的区别在于：他们非常重视给别人留下一种印象，好像他们知道自己想做什么，这使得他们比较自信，看起来也比别人略高一筹。

第二，了解自己能做什么。

按能力关系分类，同样可将人划分为三类：（1）过低估计自己的人；（2）无限高估自己的人；（3）正确估计自己的人，他们总能得到自己想要的东西。

第三，将愿望和能力、现实相统一。

第三，将我们想做和我们能做的与现实相统一。这是因为，只有将我们实现愿望的多种情况都考虑在计划之内，我们的愿望才能得以实现。

简而言之，我们所有的愿望的起点是我们自己。男孩们应该了解：今天我们是谁，今天我们能做什么。要想获得幸福，我们必须动用我们所拥有的一切。大多数人都心存不满，其原因只有一个：至今他们都不懂，如何从自己的生活实际出发，去做得更好。

第四，为了达到目标，必须学会放弃。

当今时代的一个典型特征，就是人们认为他们不应错过生命所赋予他们的一切。那种抑制不住的贪婪欲望促使他们想知道一切，得到一切，拥有一切，结果使得自己的一生就像是在进行百米赛跑。

他们想拥有别人所拥有的一切，想立即拥有并尽可能多的拥有。当然他们还想拥有永远的安全，而当这种安全在第二天就消失时，他们会感到极度的失望。为什么会这样呢？

答案既简单又明了：他们制定了一个目标、一个理想、一份规划，但他们没有同时决定为了达到这一目标自己应首先放弃什么。

所以，对人生进行规划，用以消除所有影响，去做有利于我们幸福、成功和实现自我的唯一正确的事情，这意味着：

一方面我们必须做出决定，什么有利于实现我们的规划，并要毫不犹豫地去实施这份规划；另一方面我们必须决定，尽管有些东西目前看起来十分诱人，却不利于规划的实现，所以必须放弃它们。

男孩们规划自己的人生线路，只有从以上四个方面着手，才能描绘出自己清晰的人生轨迹。

目标， 进取的动力

美国第四大个人电脑生产商迈克尔·戴尔，29 岁便成为富豪，但他既不是靠继承巨额遗产，也不是靠彩票中奖，而是很早就有播下希望种子的结果。

戴尔在少年时期就勤奋好学，他在十来岁就开始了赚钱生涯——倒卖邮票。戴尔用赚来的 2000 美元买了一台电脑，然后把电脑拆开，仔细研究它的构造及运作，并多次安装成功。

中学时，戴尔找到了一份为报商征集新订户的工作。他推想，新婚的人最有可能成为订户，于是雇用别人为他抄录新近结婚的人的姓名和通信地址。他将这些资料输入电脑，向每一对新婚夫妻发出一封有私人签名的信，承诺赠阅报纸两周，一次就赚了 1.8 万美元。这样下来，他买了一辆德国宝马。汽车推销员看到这个17岁的年轻人竟然用现金付账，惊愕得直吐舌头。

到了大学期间，迈克尔·戴尔经常听到同学们想买电脑的言谈，但由于售价太高，许多人买不起。于是戴尔想："经销商的经营成本并不高，为什么要让他们赚那么厚的利润？为什么不由制造商直接卖给用户呢？"

戴尔知道，万国商用机器公司规定，经销商每月必须提取一定数额的个人电脑，而多数经销商都无法把货全部卖掉。他也知道，如果存货积压太多，经销商的损失会很大。于是，他按成本价购得经销商的存货，然后在宿舍里加装配件，改进性能。这些经过改良的电脑十分受欢迎。戴尔见到市场的需求量巨大，于是在当地刊登广告，以零售价的八五折推出他那些改装过的电脑。不久，许多商业机构、医疗诊所和律师事务所都成了他的顾客。

后来，在父母的允许下，戴尔拿出全部积蓄创办了戴尔电脑公司，当时他才19岁。如今的戴尔电脑公司可谓享誉全球，而戴尔的个人财产，早已超过了100多亿美元。

戴尔是杰出少年的楷模！

最伟大的成就在最初的时候只是一个梦想。也许，你现在的环境并不是很好，但你只要有梦想并为之而奋斗，那么，你的环境就会改变，梦想就会实现。

有一位名叫莱特的主教与他的朋友一起吃饭。席间，主教认为耶稣很快会再度降临，原因是一切事物的本质都被发现，所有可能的发明都已实现。他的朋友不同意，他认为未来的50年中会有许多意想不到的发明，比如人类会飞上天。

莱特主教生气地说："胡说八道！只有天使可以飞。"

这位主教有两个儿子，就是日后有名的莱特兄弟。他们与父亲完全不同，梦想有一天能飞上天空，后来他们果然把父亲认为"不可能"的事变成了现实。

成功者只看到他想要的目标，并不在乎自己是否具备足够的能力去达到。当他真正想要达到那个目标时，便会引导自己通过学习而获得足够的能力，然后越过所有的障碍，成功地达到了目标。

男孩，不要再将能量耗损在无聊的事情上，要用心地、认真地去凝聚注意力于你真正想要的目标之上，然后用力一击。马上行动，通过不断地努力工作，就能达到心中的目标。

许多人内心充满了激情和理想，然而一旦面对平凡的生活和琐碎的工作，却变得无可奈何了。他们常常聚在一起高谈阔论，然而一旦面对具体问题，就会不知所措。

一般人之所以不成功，正是因为他们永远将注意力放在事情的消极方面，于是眼中见到的只有困难、挫折、不可能，等等。种种的阻碍横亘在他们的意识中。并非他们不能成功，而是他们将注意力锁定在自己所不想要的东西之上。

有了理想，心中也就有了阳光，心灵世界一片光明，你的人生也就不同凡响！

确立目标应遵循的原则

很多男孩对于未来都是抱着顺其自然的态度，很少有人会认真地思索，总认为“命里有时终须有，命里无时莫强求”。其实这种看似乐观的想法，换一个角度看完全是一种消极的人生态度。要想坚定地走在人生旅途上，越过那些障碍，你必须确立目标。

制定目标，有以下 6 个需要遵循的原则：

（1）目标应该是明确的。有些人也有自己奋斗的目标，但是他们的目标是模糊的、泛泛的、不具体的，因而也是难以把握的，这样的目标同没有差不多。

比如，一个人在青少年时期确定了要做一个艺术家的目标，这样的目标就不是很明确。因为艺术的门类很多，究竟要做哪个领域的艺术家，确定目标的人并不是很清楚，因而也就难以把握。

目标不明确，行动起来也就有很大的盲目性，就有可能浪费时间和耽误前程。

生活中有不少男孩，有些甚至是相当出色的男孩，就是由于确立的目标不明确、不具体而一事无成。

(2) 目标应该是专一的。男孩确定的目标要专一，而不能经常变换不定。

确立目标之前需要做深入细致的思考，要权衡各种利弊，考虑各种内外因素，从众多可供选择的目标中确立一个。

男孩在某一个时期或一生中一般只能确立一个主要目标，目标过多会使人无所适从、应接不暇、忙于应付。

生活中有一些男孩之所以没有什么成就，原因之一就是经常确立目标，经常变换目标，所谓“常立志”者就是这样。

(3) 目标应该是实际的。男孩确立奋斗的目标，一定要根据自己的实际情况来确定，要能够发挥自己的长处。

如果目标不切实际，与自己的条件相去甚远，那就不可能达到。为一个不可能达到的目标而花费精力，同浪费生命没有两样。

(4) 目标应该是远大而合理的。所有谈论成功的书籍都告诉我们：“每一个成功者都有一个伟大的梦想。”借着这句话，我们依样画葫芦去做，可是没有成功。这是为什么呢？

梦想一定要远大，但同时设定的目标一定要合理。远大就是不要把精力投入到琐碎之事上，不因其耗空能量而无所作为。必须让自己的能力空间增大，给才华以施展的余地，从而让时间产生明确而深远的价值。合理就是顺应大方向、大潮流、大趋势，合乎逻辑、规律、变化。目标合理才能左右逢源、合体合用、勇往直前。

(5) 目标应该是特定的。确定目标不能太宽泛，而应该确定在一个具体的点上。如同用放大镜聚集阳光使一张纸燃烧，要把焦距对准纸片才能点燃。如果不停地移动放大镜，或者对不准焦距，就不能使纸片燃烧。

这也同建造一座大楼一样，图纸设计不能只是个大概样子，或者含糊不清，而必须在面积、结构、款式等方面都是特定和具体的。目标应该用具体的细节反映出来，否则就显得过于笼统而无法付诸实施。

(6) 目标应该是富有挑战性的。一个真正的目标必定充满挑战性，正因为它具有挑战性，又是由你自己所选择的，所以你一定会积极地去完成它。

当你列出自己想成为的人、想做的事及想拥有的东西，又在每一项中圈出你认为最重要、最具挑战性的事情后，再尝试找找其他重要的答案，你可能会需要用不同颜色的笔在每一项中标示出两三件对你而言重要的事情。

你要相信，如果你被撞伤后只顾躺在那儿抚痛自怜，身上就会出现瘀血块，豁出去猛跑一阵，反而会另有所获。

挑战性的目标必能激发挑战性的精神，有此精神则无畏、无惧、无限成功。

重量级拳王吉姆·柯伯特在一次跑步时，看见一个人在河边钓鱼，一条接着一条，收获颇丰。奇怪的是，柯伯特注意到那个人钓到大鱼就把它放回河里，小鱼才装进鱼篓里去。柯伯特很好奇，他就走过去问那个钓鱼的人为什么要那么做。那个人答道：“老兄，你以为我喜欢这么做吗？我也是没办法呀！我的家里只有一个小煎锅，煎不下大鱼啊！”

你也许觉得好笑，可是亲爱的男孩们，很多时候，当我们有一番雄心壮志时，就习惯性地告诉自己：“算了吧，我想得未免也太远了，我只有一个小锅，可煮不了大鱼。”我们甚至会进一步找借口来劝退自己：“更何况，如果这真是个好主意，别人一定早就想过了。我的胃口没有那么大，还是挑容易一点的事情做好了，别把自己累坏了。”

如果你是一个学生，只为分数而学习，那么你也许能够得到好分数；但是，如果你为知识而学，那么你就能够得到更好的分数和更多的知识。如果你为做生意而努力，那么你可能会赚很多钱；但是，如果你想通过做生意来干一番事业，那么你就有可能不仅赚很多钱，而且会干一番大事。如果你只为薪水而工作，你有可能只能得到一笔很少的收入；但是，如果你是为了你所在公司的前途而工作，那么你不仅能够得到可观的收入，而且你还能得到自我满足和同事的尊重，你对公司所做的贡献越大，意味着你个人所得到的回报就会越多。

当然，目标确立也要遵循一定的原则。当我们有了一个心动的目标，再加上必胜的信念，那么离成功就差一半路程了。

快速实现目标 9 步走

生活不是守株待兔的遐想，不是消极的坐以待毙，只有积极行动，你的人生价值才能实现。真正能把梦想变成现实的，只有那些永不放弃的人，搁浅梦想也就丧失了获得行动的能量，无论如何都不要搁浅梦想，坚信你的梦想是可以实现的，并且努力为它走下去。实现梦想不是一蹴而就，而是在同样的时间里，行动的量比别人大，走的路比别人长，因此，相对而言成功的速度就快。

以下是快速实现目标的 9 个步骤：

第一步：编织梦想，写下你的心愿。

包括你想拥有的、你想做的、你想成为的、你想散播的。现在请坐下来，拿一张纸和一支笔，动手写下你的心愿。要记住，一动笔就不要停下来，写 10～15 分钟。你在写的时候，不必管那些目标该用什么方式去实现，尽量写，不要受限制。另外，你写得越简明越好，这样才能立即接续下个目标。这些目标可能有关你的工作、家庭、情绪、交友、健康、生活等，别将自己框住，涵盖越广越好，你要掌握每一件与你有关的事，因为要达到目标的第一步，就是要知道它是什么结果。

第二步：下定决心要成功。

奇迹的产生源于执着的梦想，源于心中燃烧的信念。当生活的多棱镜折射出理想的七彩光泽时，让我们怀抱着满腔的激情，全身心地投入到生活的洪流之中吧。因为人生到底是喜剧收场还是悲剧落幕，是丰富充实的还是索然寡味的，很大程度上取决于我们持有什么样的信念。

世界上没有任何力量能像信念这样，有如此巨大的影响。人类的历史，可以说是信念的历史。哥白尼、哥伦布、爱迪生和爱因斯坦等人，他们的信念不但改变了自己，也改变了历史、改变了世界。每一位有志的男孩，若想改变自己，就先从拥抱信念开始吧；如果想效法伟人，那就效法他们成功的信念吧！

第三步：每天审视这些目标，充分体验当它们实现时的快乐。

当你制定出了所要追求的目标，同时也给这些目标找到了必须实现的充分理由后，事实上要实现目标的整个行动便已开始，你的资源锁定系统会按照你的目标及理由，主动地找寻能使目标实现的各种资源。要确保所制定的目标能够实现，你必须预先调整自己的神经系统，确信这些目标能带给你快乐，也就是说你一天至少得两次审视这些目标，充分体验当它们实现时的快乐。在做这些事时你得完全运用上视、听、触等感觉，让自己完全沉醉在目标实现的美梦里。

第四步：认真计划每一天。

你要做什么？你希望和谁在一起呢？你要如何开始这一天？你要得到什么结果呢？希望你从起床开始，一直到上床休息，全天都有妥当的计划。别忘了，你所有的结果与行动都来自于内心的构想，因此就照你所期望的方式，好好计划你的每一天吧！

第五步：为自己创造一个完美的环境。

如果你对自己所盼望的生活没有清楚的概念，又怎能实现它呢？如果你不知道自己理想的环境是什么，又怎能创造出它呢？记住，头脑要有清楚而明确的信号，才能引导你到自己想要去的地方。

如果你不知道自己未来的远景，你就永远到不了那里；如果你没有自己的主见，别人就会成为你的主人；如果你对自己的未来没有计划，你就会成为别人计划里的一枚棋子，因此，你要做好前面的练习，可不要只是看过了事，不然你永远无法在心里产生能助你成功的信号，引导你走上正确的方向。或许这些练习一开始做起来并不容易，但是请相信，它们对你会有很大的帮助，并且使你越做越觉得有意思。

第六步：运用潜意识的力量，进行正面自我暗示，永远积极思考。

第七步：立即让自己行动起来。

当你把目标写下来之后，随之最重要的一步就是立即让自己行动起来，向着目标实现的方向拿出具体的行动，可别一拖再拖。

制定目标或许还不算太难，可是要能贯彻到底、坚持下去就不是一件容易的事了。相信很多人都有过这样的经验，刚定好目标时颇有磨刀霍霍的干劲，可是过了两个星期后就没劲了，实现目标的自信早已烟消云散。所以当你拟定一项目标后，先把它写在纸上或日程记事本上使目标具体化，然后持续3个星期，慢慢地也就成了习惯，最终你的目标一定会实现。

第八步：每天晚上睡前做自我回顾与检讨，衡量进度，看看自己哪一步已实现、哪一步是完成一半、哪一步还没有做，然后做积极修正。

第九步：坚持到底，永不放弃。

坚持自己的目标，一路走下去，一定可以看到成功的曙光。

让梦想成为你进取的动力

回顾人类发展的每一个历史阶段，我们可以发现：人类每一个进步，最初都源于人类自身的梦想。同样，许多成功人士的经历也表明，他们在成功之前都有他们为之奋斗的梦想。梦想激励人们去努力、去奋斗，推动人们不畏艰难、坚忍不拔地追求成功。梦想是我们不断向上进取的原始动力。

人类的梦想就是一种祷告，它激发了人类内心深处渴望成功的勇气和力量，假如你心中有了梦想，那么，就请在心底虔诚地祷告，并坚忍地、一贯地去实现它。

爱因斯坦说过，人类因为梦想而伟大。如果你想要成就一番伟大的事业，就要给自己一个伟大的梦想，让梦想成为激励你不断进取的力量。

多年前，一位穷苦的牧羊人领着两个年幼的儿子，以替别人放羊来维持生计。一天，他们赶着羊来到一个山坡，这时，一群大雁鸣叫着从他们的头顶飞过，并很快消失在远处。牧羊人的小儿子问他的父亲："大雁要往哪里飞？""它们要去一个温暖的地方，在那里安家，度过寒冷的冬天。"牧羊人说。他的大儿子眨着眼睛羡慕地说："要是我们也能像大雁那样飞起来就好了。"小儿子也对父亲说："做个会飞的大雁多好啊！"牧羊人沉默了一下，然后对两个儿子说："只要你们想，你们也能飞起来。"两个儿子试了试，并没有飞起来，他们用怀疑的眼神瞅着父亲。牧羊人说："让我飞给你们看。"于是他飞了两下，也没有飞起来。牧羊人肯定地说："我是因为年纪大了才飞不起来，你们还小。只要不断努力，就一定能飞起来，去想去的地方。"

儿子们牢牢记住了父亲的话，并一直不断地努力，等到长大以后果然"飞"起来了——他们为飞机的发明做出了卓越的贡献。

人因为有了梦想才能够成就卓越。"雅虎网"的创始人杨致远就是靠梦想的激励成就事业辉煌的成功人士的杰出代表。

杨致远 1967 年出生于中国台北，10 岁到了美国，1990 年考入斯坦福大学，1994 年从斯坦福辍学，创办了雅虎公司。经过短短的 4 年时间，雅虎从一个无名的小公司一跃成长为"雅虎帝国"。据美国著名杂志《福布斯》报道，雅虎在 1998 年股市市值跃升 74.4%，超过了美国在线的 50.3%。同年，在美国《时代》周刊评出的"全球计算机数字化领域的 50 名风云人物"中，杨致远排名第六。那时，杨致远拥有的净资产高达近 10 亿美元，已是华尔街和华人世界的传奇人物。

追寻杨致远的成长轨迹，我们发现杨致远从小就树立起自己的远大梦想，并一步步努力地去奋斗和努力，最终成就辉煌的事业。

1967 年杨致远出生两岁时，父亲不幸去世，他的母亲是一位英语和戏剧教授，独自抚养杨致远和他的弟弟。杨致远从小就是个让妈妈头痛的男孩，喜欢东问西问。

在他眼中，学校简直是天堂，尤其是小学。“我在学校里成绩不错，所以上学完全不是苦差事。”他说。他母亲虽然严格，却善解人意。“她只要求我们不做坏事，不会期望我们有什么伟大的成就，想不想成功全看我们自己。”

杨致远的姨妈当时住在美国，为了孩子的教育和将来的发展，在杨致远 10 岁时，全家迁到了美国。12 岁时，杨致远一边上学，一边开始做报童。这时候，他有了自己的梦想，虽说不上是什么大的抱负，就是摆脱这种地狱一样的生活。但是，他又知道，在成功之前，不能期盼太多，不能期望一定成功。准备失败，迎来的往往是成功。1990 年，杨致远经过不断的努力和奋斗，以优异的成绩考上了斯坦福大学。

杨致远为了实现自己的梦想，毅然选择了艰深但却有光明未来的电机课程。后来，杨致远在 4 年内完成了学士及硕士学位。快毕业时，他也试了几个合适的工作机会，但他很快就发觉自己还未准备好去社会上工作。他说：“我有硕士学历，但欠缺经验和成熟度，那时才 27 岁，心根本都还没定下来，所以我决定继续留在学校。”他选择了研究工作，一边准备博士论文，一边和另一个合作伙伴费罗成立了一间小型办公室。不久之后，他们建立了自己的网站——雅虎。

到 1994 年冬，雅虎取得极大成功，而糟糕的是杨致远还不得不为博士课程大伤脑筋，他最终决定了放弃博士学位，认真地开始考虑将雅虎的服务变成一项事业。这是一个艰难的选择，杨致远说：“教育在我的家庭中是很重要的，然而，我的家人更明白像创办 YAHOO 这样的机会很难得，不容错过。我计划将来再返回斯坦福完成博士学位，目前我会全力以赴发展 YAHOO!”杨致远终于成功了！几年后，YAHOO 不但成了全球访问量最大的站点之一，更重要的是，它的发展是世界互联网发展的一个里程碑，在短短的几年时间里已在其投资者中造就了近 10 个亿万富翁。

梦想是推动杨致远不断奋斗进取的重要动力，也是他取得成功的重要条件。试想一下，人的一生如此漫长，要是没有一点点梦想，没有一点点激情，那这样的生命是否太枯燥了一些呢？

梦想是男孩成长的翅膀。越来越多的科学试验表明：梦想对人的成长发展有极大帮助。早在20世纪60年代，美国著名科学家哈蒙做了一个非常著名的试验。哈蒙在美国芝加哥市抽取40名小孩作为试验对象。这40名小孩在年纪、智商等各方面非常接近，从小学到中学再到大学，这40名小孩都被送往相同的学校接受同样的教育。其中唯一的区别就是哈蒙定期对其中20名进行有关引导、鼓励他们去做梦（白日梦）的教育，而另外20名则没有受到如此教育。结果是在这40名学生走上工作岗位的第5年检测出：20名接受白日梦教育的学生中，6名是知名律师，5名成为大学教授，3名是大型公司的老总，2名进入政界成为议会议员，农场主、医生各1名，只有2个人是一般公司蓝领工人；另外20名没有接受白日梦教育的学生中，律师、医生、大学教师各1名，其余都成为一般公司职员，甚至有一名成了以乞讨为生的流浪汉。结果中的差异如此明显，梦想的重要性由此可见一斑。

梦想可以让一个人的生活充满自信和激情。正如一位哲学家所说的，一个人有了梦想，就像在路途中认出了北斗星一样，可以在你迷路的时候指引你走正确的道路。

只要你不拴住自己的想象力，只要你下定决心，坚持走自己的路，那么你所做的梦迟早都会实现。对此，世界顶尖潜能大师曾经这样说：“我们抱着什么样的目的，就会有什么样的人生。”

俗话说，天下没有免费的午餐，要想收获美好的果实，就必须付出辛勤的劳动。勤奋是对成功的最好注解，也是通往成功的必由之路。勤奋是成功的秘诀，懒惰是成功的大敌。男孩要有所成就，就必须克服懒惰。一勤天下无难事，男孩在年轻时养成勤勉努力的习惯，那么这种习惯就会成为你终身受用的法宝，它会伴随着你克服困难，取得人生的成功。

第二章

立即行动——让男孩把握住人生契机

有所决定就要立刻行动

人们喜欢做经常做的事情，而拒绝改变。所以很多时候，我们没有抓住机会，并不是因为我们没有能力，也不是因为我们不愿意抓住机会，而是因为我们恐惧改变，只是一味地在口头上说说，却从不采取实际行动。

一个人若想求取功名，如果他连考场都不进，就不可能获得功名。同样，一个人若想成为人人羡慕的成功者，如果只是一味地幻想，而不采取行动让自己更加优秀，那成功永远不可能降临到他头上。

有人说，100 次心动不如 1 次行动。把理想与行动二者合一，才有可能让梦想实现。

日本的亲鸾上人 9 岁时，就已立下出家的决心，他要求慈镇禅师为他剃度，慈镇禅师就问他说："你还这么年少，为什么要出家呢?"

亲鸾："我虽年仅 9 岁，但父母已双亡，我不知道为什么人一定要死亡，为什么我一定要与父母分离，为了探究这些道理，我一定要出家。"

慈镇禅师非常赞许他的志愿，说："好！我明白了。我愿意收你为徒，不过，今天太晚了，待明日一早，再为你剃度吧！"

亲鸾听后说："师父！虽然你说明天一早为我剃度，但我不能保证自己出家的决心是否可以持续到明天，而且，师父，你那么年长，你也不能保证你是否明早起床时还活着。"

慈镇禅师听了这话以后拍手叫好，并满心欢喜地说："对！你说的话很对。现在我就为你剃度吧！"

很多时候，我们都没有亲鸾这样的勇气，不能当机立断，习惯于明日复明日，或者找出众多理由来辩解为什么事情无法完成。许多良好愿望原本可以实现，却在这样的迟疑中被消磨掉了。止于口舌的认知毫无用处，一切认知和计划不能仅仅停留在口头规划上，更重要的是付诸实践。

你知道著名品牌肯德基是怎样打入中国市场的吗？

刚开始肯德基公司派了一位代表来中国考察市场，他来到首都北京，看到街道上人头攒动的场面，内心激动不已，尽情地畅想着肯德基一旦在中国站稳脚跟后的美好未来。在我们看来这位代表的工作也算得上是尽职尽责了，但回到公司后总裁还没等听完他的"美好遐想"就停止了他的工作，另派了一位代表来北京。

新代表与上一次不同的是，他先是在北京几条街道测出人流量，进行了大量的实地走访，然后又对不同年龄、不同职业的人进行品尝调查，并详细询问了他们对炸鸡的味道、价格等方面的意见，另外还对北京的油、面、菜甚至鸡饲料等行业进行广泛的摸底研究，并将样品数据带回总部。

不久，那位代表率领团队又回到北京，"肯德基"从此打入了北京市场。

第一位商业代表之所以被解雇，并不是因为他没有好的创意，而是他的创意只是停留在空谈上。后来的这位代表是一位想到就做、马上行动的人，他不但胸怀让"肯德基"驻足中国市场的美好创意，还通过行动来立即着手实现这一创意。

曾有心理学家探索成功人士的精神世界，发现成功的本质有两点：一种是在严格而缜密的逻辑思维引导下艰苦工作；另一种是在突发、热烈的灵感激励下立即行动。

成功者大都能将理想转化为自己的目标，并毫不犹豫地行动。他们最大的才能之一，就是他们在审时度势之后能及时迅速地付诸行动，这是他们出类拔萃、获得成功的秘诀。

在人的思想、愿望里潜藏着成就大事业的能力。如果这种思想、愿望是高尚、纯粹而美好的，并且能一以贯之，那么，它将会发挥出最大的力量，帮助人们实现计划、目标、梦想。

我们很多时候不是不想付诸行动，而是怕自己行动之后做不好，所以犹豫不决。不要问自己行不行，只要问自己想不想。永远记得自己想要的，而不是所担忧的。以积极的心态面对所有事，想好了，决定了，马上去做，立即行动。

你是否有超越别人的强烈欲望，你是否有做成功者的雄心大志？如果答案是肯定的，在你下决心的同时，请赶快付诸行动吧！

智者永远比别人早一步

智者和愚者的差别就在于采取行动的时机——智者早一步，愚者晚一步。

比尔·盖茨是一个永远先行一步的人。他最令人敬佩之处，就是能看到一般人看不到的东西，将洞察力与策略相结合，描绘出一个独一无二的远见，并实现它。

在业界，微软以善于把握“未来的力量”而为人所称道，而微软又唯盖茨马首是瞻。历史上，盖茨曾两次凭借先行一步的远见而令对手胆战心惊。

盖茨的第一大远见在1975年，他预言要使电脑进入每个家庭。微软第一个远见计划的标志性产品是 Windows95；盖茨的第二个远见计划起始于 1998 年，他认为，在未来的新世纪里，网络会变得越来越重要，PC 不再只是孤立的存在，而将变成连贯网络的一系列设备中最重要的一种。2000 年，盖茨提出了战略性的 NET 战略。2005 年，盖茨又抛出了“长角牛”新视窗——被视为视窗系统中近年来最具雄心、最令人震惊的进步。

微软的发展壮大证明了一条真理：永远比别人早走一步，就能永远走在别人的前面。只有早迈出一步，敢想、敢做，用好的心态去迎接挑战，才能成为真正的“智者”。

有一位聪明的商人，听说西方有一个奇怪的国度，那里的人们从没见过大蒜。于是商人运了几车大蒜，经过艰苦跋涉，终于抵达目的地。他果然猜对了，人们想不到世界上还有味道这么奇妙的东西，因此，他们用当地最热情的方式款待了这位商人，临别还赠予他几袋珍珠宝石作为酬谢。

另外一位商人听说了这件事后，不禁为之动心，他想：大葱的味道不也很好吗？于是他带着葱来到了那个地方。那里的人们同样没有见过大葱，甚至觉得大葱的味道比大蒜还要好！他们更加盛情地款待了商人，并且一致认为，用珍珠宝石远不能表达他们对这位远道而来的客人的感激之情，经过再三商讨，他们决定赠予这位朋友几袋大蒜！

生活往往就是这样，你抢先一步，占尽先机，得到的是成功和财富；而你步人后尘，东施效颦，就只能得到一些毫无价值的东西。

要想在竞争中获得发展，要想在行动中实现成长，就需要不断开拓未来的道路。不要坐等机会的到来，也不要以为平坦的阳光大道会一直铺在你的脚下——即使机会已经来到你的身边，即使阳光大道已经铺在你的脚下，如果你不抓住机会，如果你不迈步向前，那你永远也不会前进一步。永远要比竞争对手更先采取行动，永远要比自己原先期望的做得更好，这样你才能够永远走在别人的前面，当然，你也将早一步问鼎成功。

用行动为成功蓄势

一个人想要最终获得一个圆满、成功、幸福的人生，一定需要一个成功势能积累的过程，正如《庄子·逍遥游》所言："风之积也不厚，则其负大翼也无力，故九万里则风斯在下矣。而后乃今培风，背负青天而莫之夭阏者，而后乃今将图南。"如果风积聚的不大，那么它就没有力量承负巨大的翅膀，所以鹏飞上九万里的高空，风就在它的下面，然后才能乘风。背负青天，没有什么能阻碍它，然后才打算往南飞。

因此，做大事者必须点滴积累，步步成形。这就要求我们永远不能中止对自己的要求与衡量。每天都比前一天多一点点知识，多一点点勇气，多一点点智慧，点滴成江河，行远必自迩。

约翰·布勒起初只是美国通用汽车公司整车装配线上的一名杂工，他的成功，就始于工作中一次次平凡的积累。正是抱着积累平凡就是积累卓越的工作理念，他在30岁就擢升为公司总领班的职位，成为通用公司最年轻的总领班。

约翰是在20岁时进入工厂的。工作一开始，他就对工厂的生产情形做了一次全盘的了解。他知道一部汽车由零件到装配出厂，大约要经过13个部门的合作，而每一个部门的工作性质都不相同。

他当时就想：既然自己要在汽车制造这一行做一番事业，就必须对汽车的全部制造过程都能有深刻的了解。于是，他主动要求从最基层的杂工做起。杂工不属于正式工人，也没有固定的工作场所，哪里有零活就要到哪里去。因为这项工作，约翰才有机会和工厂的各部门接触，因此对各部门的工作性质有了初步的了解。

在当了一年半的杂工之后，约翰申请调到汽车椅垫部工作。不久，他就把制椅垫的手艺学会了。后来他又申请调到点焊部、车身部、喷漆部、车床部等部门去工作。在不到5年的时间，他把这个厂的各部门工作都做过了。最后他又决定申请到装配线上去工作。

约翰的一位朋友杰克对约翰的举动十分不解，他问约翰："你工作已经5年了，总是做些焊接、刷漆、制造零件的小事，恐怕会耽误前途吧?"

"杰克，你不明白，"约翰笑着说，"我并不急于当某一部门的小工头。我以能领导整个工厂为工作目标，所以必须花点时间了解整个工作流程。我正在把现有的时间做最有价值的利用，我要学的，不仅仅是一个汽车椅垫如何做，而是整辆汽车是如何制造的。"

当约翰确认自己已经具备管理者的素质时，他决定在装配线上崭露头角。约翰在其他部门干过，懂得各种零件的制造情况，也能分辨零件的优劣，这为他的装配工作增加了不少便利。没有多久，他就成了装配线上最出色的人物。很快，他就晋升为领班，并逐步成为15位领班的总领班。

约翰的晋升源于他不断地学习，无论他处于何种位置，都从未停止对自己的要求。男孩要在人生的道路上积累更多的知识与智慧，就不要放松自己在任何一件事上的要求，将小事放大一百万倍，将今天放大一百万倍，成就的就是我们的明天。

分段实现目标

要达到自己的目标，需要把远期目标分解成当前可达到的目标。俗语说得好：罗马不是一天建成的。既然一天建不成辉煌的罗马，我们就应当专注于建造罗马的每一天。这样，把每一天连起来，终将会建成一个美丽辉煌的罗马。

其实，人生亦是如此，我们每个人都希望达到自己的人生目标，并为实现这个目标而生活和工作。如果你能把你的人生目标清楚地表达出来，这样就能帮助你随时集中精力，发挥出你人生进取的最高效率。

所以如果我们不能一下子达到自己的目标，就应当将长期目标分解成一个个当前可达到的目标，“分段实现大目标”，最终就能顺利实现自己的目标。

哈恩25岁时，因失业而挨饿。他白天就在马路上乱走，目标只有一个，躲避房东讨债。一天他在42号街碰到著名歌唱家夏里宾先生。哈恩在失业前曾经采访过他。但是，他没想到的是，夏里宾竟然一眼就认出了他。

“很忙吗?”他问哈恩。

哈恩含糊地回答了他，他想夏里宾看出了他的遭遇。

“我住的旅馆在第103号街，跟我一同走过去好不好?”

“走过去? 但是，夏里宾先生，60个路口，可不近呢。”

“胡说，”他笑着说，“只有5个街口。是的，我说的是第6号街的一家射击游艺场。”这里有些所答非所问，但哈恩还是顺从地跟他走了。

“现在，”到达射击场时，夏里宾先生说，“只有11个街口了。”

不大一会儿，他们到了卡纳奇剧院。

“现在，只有5个街口就到动物园了。”

又走了12个街口，他们在夏里宾先生的旅馆停了下来。奇怪得很，哈恩并不觉得怎么疲惫。夏里宾向他解释为什么要步行的理由：“今天的走路，你可以常常记在心里。这是生活中的一个教训。你与你的目标无论有多遥远的距离，都不要担心。把你的精力集中在5个街口的距离，不要被遥远的未来烦恼。”

不要迷失自己的目标，每次只把精力集中在面前的小目标上，这样，遥不可及的目标便在眼前了。

目标的力量是巨大的。目标应该远大，才能激发你的力量，但是，如果目标距离我们太远，我们就会因为长时间没有实现目标而气馁，甚至会因此而变得自卑。所以我们实现大目标的最好方法，就是在大目标下分出层次，分步实现大目标。

之所以有的人会半途而废，往往不是因为难度较大，而是因为觉得成功离得较远。确切地说，我们不是因为失败而放弃，而是因为倦怠而失败。

有人说，我将来要怎样怎样，就像我们小时候写作文，题目是你的理想是什么？有的同学就说："我长大了要做总统。"这个目标就有点太不具体，太笼统了。目标必须具体，比如你想把英文学好，那么你就制定一个目标，每天一定要背10个单词、一篇文章，要求自己在一年之内能看懂英文书报，由于你制定的目标很具体，并能按部就班去做，做事的效率就会越高，目标就容易达到。有人曾经做过这样一个实验，让一些人去跳高，他们的个子都差不多，先是一起跳了2米，然后把他们分成两组。对一组说："你们能跳过2.16米。"而对另一组只说："你们能跳得更高。"然后让他们分别去跳。结果第一组由于有2.16米这样一个具体要求，他们每个人都跳得高。而第二组没有具体的目标，所以他们只跳过2米多一点，不是所有的人都跳过了2.16米。为什么呢？就是因为第一组有一个具体目标。

小田是一位拥有出色业绩的推销员，可是他一直都希望能跻身于最高业绩的行列中。但是一开始这只不过是他的一个愿望，他从没有真正去争取过。直到3年后的一天，他想起了一句话："如果让愿望更加明确，就会有实现的一天。"

于是，他当晚就开始设定自己希望的总业绩，然后再逐渐增加，这里提高5%，那里提高10%，结果使客户增加了20%，甚至能更高，这激发了小田的热情。从此他不论遇到什么状况，都会设立一个明确的数字作为奋斗目标，并在一两个月内完成。

"我觉得，目标越是明确，越感到自己对达到目标有股强烈的自信与决心。"小田说他的计划里包括"我想得到的地位、我想得到的收入、我想具有的能力"，然后，他把所有的访问都准备得充分完善，相关的业界知识加之多方面的经验积累，终于在第一年的年终创造了可喜的成绩。

如果一生从来只是想想而已，不曾付诸行动，当然所有的愿望都将落空了。如果设立了明确的目标，以及为了实现目标而确定具体的计划和期限后，你才真正感觉到，强大的推动力正在鞭策自己高效率去完成它。

用目标激励行动

目标是一个人成功路上的里程碑。目标能给你一个看得见的靶子，当你一步一个脚印去实现这些目标时，就会有成就感，就会更加信心百倍，向高峰挺进。

成功学专家拿破仑·希尔说过，不甘做平庸之辈的人，必须要有一个明确的追求目标，这样才能调动起自己的智慧和精力，全力以赴为自己的目标而行动。

目标是一种持久的热望，是一种深藏于心底的潜意识。它能长时间调动你的创造激情，调动你的心力。你一旦想到这种强烈的愿望，就会产生一种原子能般的动力，就会有一种钢铸的精神支柱；一想到它，你就会为之奋力拼搏，就会忘我地投入行动。

弗拉伦兹·恰克，是第一个横渡英吉利海峡的女性。1952 年 7 月 4 日，在浓雾中，她走下加利福尼亚以西 37 千米的卡塔标纳岛，向加州游去，她要成为第一个横渡这个海峡的女人。雾很大，甚至瞧不见领航的船只。海水冻得她浑身都麻木了，海中还有鲨鱼，时时在威胁着她。

15 个小时过去了，她感到自己不能再游了，她要放弃了。

她的母亲和教练在另一条船上。他们都告诉她离海岸很近了，叫她不要放弃，但朝加州海岸望去，她发现，除了浓雾外什么也看不到。

过了一会儿，在她的坚持下，人们把她拉上了船。

到了岸上，她渐渐觉得暖和多了。这时，她才发现，人们拉她上船的地点，离加州海岸只有800米左右。

一时间，她感到了失败的打击。

后来，她不无懊悔地对记者说："说实在的，我不是为自己找借口，如果当时我看见陆地，也许我能坚持下来。"

其实，令她半途而废的不是疲劳，也不是寒冷，而是她在浓雾中看不到目标。弗拉伦兹·恰克一生中就只有这一次没有坚持到底。

两个月后，她终于成功地游过了同一个海峡。

目标是一个人行动的动力，现实生活中，我们发现那些最终获得成功的人始终会将目光集中在他们的目标上，他们常常在向目标奋进的过程中运用想象提醒自己目标所在。

奥林匹克运动会十项全能金牌获得者詹姆斯·卡特为了实现自己的目标，用运动器械装备了整个寓所，以便每天提醒他去实现自己的目标。他将十项全能每个项目的器械放在他不训练时也不得不看到的地方，跨高栏是他最差的一项，他就将一个栏放在起居室的正中央，每天必须跨越30次；他的门把手是个铅球；杠铃就放在室外廊檐下；撑竿跳高用的竿子和标枪在沙发后竖立着；壁橱里放着他的运动制服、棉织套服和跑鞋。詹姆斯说这种不寻常的陈设在他准备奥运会夺冠的过程中，帮助他改善了他的竞技状态。

已故网球名将阿瑟·艾虎一生都坚持这样的信念："每次你订立一个目标，然后完成那个目标，这样你就可以在目标的激励下不断前进。"

艾虎一生都以这种方式过日子。他订立一个目标，一旦达到那个目标，他就再订立一个新的目标。为什么呢？他解释道："我相信，自信能改变一个人。自信也能扩散到生活中很多不同的层面，使你不但对自己的专长更有自信，而且还会对很多其他的事提高信心。相信自己也能做到，大可运用在其他工作或另外一组目标上。"

艾虎就是运用这种订立目标的方法，登上了网球王座。他说："我早年的几位教练常订立清楚明确的目标，这正是我愿意遵循的。这些目标不见得一定要像赢得巡回赛这么重大，而是将一些有待克服的困难、需要努力与做计划的事订立为目标。如果能达到这个目标，一定会有某种收获。不过我要再强调，不是只有赢得巡回赛才可以作为目标，往往一些小目标渐渐一个个地达到后，我自己都会意外地发现：‘嘿！我距离得大奖已经越来越接近了。’”

艾虎一直以这种方式参加高难度的比赛。他说：“参加巡回赛，总想能进入复赛。比赛时，总希望漏接的反手球不超过某个数字。或者是必须锻炼体力到一定的程度，气候太热时，才不至于很快就感到疲倦。这一类的小目标，可以帮助你将成为世界第一或赢得巡回赛这类的远大目标分解开来，变得更容易。”

因发现DNA结构而荣获诺贝尔奖的美国科学家莫里斯·威尔金斯说道：“癌症的种类实在太多了。我正设法治愈某些癌症。当然我们希望能治愈的越多越好。但是，你一定要把治疗某类癌症这一目标分解成很多短期内可以完成的中程目标。明天就治愈结肠癌不能算是中程目标。我们目前的目标只是先认识这个病症。这个过程还牵涉很多不同的步骤。没有人愿意身陷挫折之中。每次实现一个小目标，将会是你快乐的源泉。”

用目标激励行动，你就会发现自己在完成了一个又一个目标之后，正一步步地走向成功，而不是总耽于空想或者疏于行动。

做好行动前的准备

第二次世界大战期间，具有决定性意义的诺曼底登陆是非常成功的。为什么那么成功呢？原来美英联军在登陆之前做了充分的准备。他们演练了很多次，他们不断演练，演练登陆的方向、地点、时间，以及一切登陆需要做的事情。最后真正登陆的时候，已经胜算在握，登陆的时间与计划的时间只相差几秒钟。这就是准备的力量。

古人说得好，有备无患。只有充分准备才能换来最好的结果。一个人准备工作做得越充分，成功的可能性就越大，我们常说：养兵千日，用兵一时。这也是一种准备哲学。

飞人迈克尔·乔丹是美国篮坛有史以来最顶尖的球员，被称为篮球之神。他具备所有成为篮球王的特质和条件，他打任何一场篮球比赛，胜算都是很大的。但是，他在参加任何一场重要的赛事之前，都会练习，练习投篮，练习基本动作。他是球队练习最刻苦的人，他是准备工作做得最充分的人。

在吸引了几乎全世界人眼球的拳坛世纪之战中，当时正如日中天的泰森根本没有把已年近40岁的霍利菲尔德放在眼里，自负地认为可以毫不费力地击败对手。同时，几乎所有的媒体也都认为泰森将是最后的胜利者。美国博彩公司开出的是22赔1泰森胜的悬殊赔率，人们也都将大把的赌注押在了泰森身上。

在这种情况下，认为已经稳操胜券的泰森对赛前的准备工作——观看对手的录像、预测可能出现的情况及应对措施、保证自己充足的睡眠和科学的饮食方面都敷衍了事。

但是，比赛开始后，泰森惊讶地发现，自己竟然找不到对手的破绽，而对方的攻击却往往能突破自己的漏洞。于是，气急败坏的泰森做出了一个令全世界都感到震惊的举动：一口咬掉了霍利菲尔德的半只耳朵！

世纪大战的最后结局当然是：泰森输了比赛，还被内华达州体育委员会罚款600万美元。

泰森输在准备不足。当霍利菲尔德认真研究比赛录像、分析他的技术特点和漏洞时，泰森却将教练准备的资料扔在了一边；当对手在比赛前拼命热身、提前进入搏击状态时，他却和朋友在一起狂欢。虽然泰森的实力确实比对手高出一筹，从年龄上也占尽了优势，但他最后却一败涂地。

霍利菲尔德的成功和泰森的失败重要的一点在于准备。是的，每一件差错往往因准备不足，每一项成功又往往因准备充分。

当然，在这种一战定胜负的比赛中，偶然性确实占了很大的比重。这个时候，比的并不是谁的实力最强，而是谁犯的错误最少。只有真正地重视准备，扎实地把准备工作都做到位，才能从根本上保证你不犯或少犯错误。葡萄牙波尔图足球队的主教练穆里尼奥说过一句很著名的话："当准备的习惯成为你身体的一部分，它就会永远在那里，并帮助你取得令人惊讶的胜利。"

穆里尼奥曾担任葡萄牙球队波尔图的主教练，率领球队征战欧洲冠军联赛时，几乎没有人相信他们能杀入决赛，更别提夺取冠军了。但结果却使所有人都大跌眼镜，这个从队员到主教练都无名的俱乐部，竟然得到了欧洲足球的最高荣誉。

确实，波尔图的队员们和皇马、米兰等大牌球队的球星相比，无论名气上还是实力上都相差悬殊；当时的穆里尼奥和卡佩罗、马加特、扎切罗尼等知名教练相比，也不可同日而语。但穆里尼奥却有一个胜利的武器：对准备工作超乎寻常地重视。他几乎观看了所有对手最近的每一场比赛，可以说，所有对手的技术特点、战术风格、最近的状态……他都了如指掌；甚至对比赛当天的天气、场地草皮的状况，他都进行了详细的了解并制定了相应的对策。结果在决赛当天，他使用的队员、阵型、战术打法都直指对方的软肋，就像他夺冠后所说的那样："如果大家知道我们为了取得胜利而研究了多少场比赛，准备了多少资料，筹划了多少方案，就会认为这个冠军我们当之无愧。"

当时，有相当多的人认为穆里尼奥的成功只是运气好，再加上那些大牌球队在对无名球队时缺少重视和兴奋感，才让他捡到了一个冠军。其实，穆里尼奥的胜利是必然的，因为他的准备工作比任何人都充分，正是因为对准备超乎寻常地重视，才使他站到了欧洲足球之巅。

功成名就的穆里尼奥在夺冠的第二年来到英超球队切尔西，这里汇集了很多世界级的大牌球员。当穆里尼奥和这些队员们第一次见面的时候，他所做的第一件事是打开随身携带的笔记本电脑，开始如数家珍地介绍这些球员：从技术风格、进球数、身高体重，甚至详细到哪些是左脚打进的、哪些是右脚打进的，都了如指掌。穆里尼奥的这一举动一下子就震住了这些球星。不过，这只是开始，他们更没有想到的是，主教练这种近乎完美的准备工作会使他们在后面的比赛中取得一个又一个胜利。

在穆里尼奥的带领下，切尔西队不管是在国内联赛还是在欧洲冠军联赛，都取得了一连串的胜利。穆里尼奥出名了，但他在赢得别人尊重的同时，又被许多对手厌恶。

现在，不管是欣赏他还是厌恶他的人，都开始研究穆里尼奥，他们总结了很多条，比如，善于用人、阵型选择合理、自信等。遗憾的是，却很少有人领会到穆里尼奥成功的真正原因——充分的准备。

这是为什么呢？原因就在于，准备太重要，但也太平常了，我们大家几乎每天都生活在准备之中，所以，反而对它的重要性视而不见。提起准备，也许有人会说："准备没有什么了不起。"但就是这不起眼的准备，却能造就神奇的成功；反之，也能造成痛苦的失败。

拒绝拖延，今日事今日毕

拖延是无谓的耽搁，不仅无助于问题的解决，而且还会让问题变得越来越糟。那些遇事拖延的人只会让自己处处陷入被动，即便是机会到了他们面前，他们也抓不住。

有一位猎人，带着他的袋子、弹药、猎枪和猎狗出发了。虽然人人劝他在出门之前把弹药装进枪筒里，他还是带着空枪走了。

"废话，"他嚷道，"以前我没有去过吗？而且不见得我出生以来，天空中就只有一只麻雀啊！我真正到达那里，得一个钟头，哪怕我要装

100 回子弹，也有的是时间。”

仿佛命运女神在嘲笑他的想法似的，他还没有走过开垦地，就发现一大群野鸭密密地浮在水面上，我们的乡村猎人一下就能打中六七只，毫无疑问，够他吃上一个礼拜的，如果他出发时就在枪筒内装好了子弹的话。如今他匆匆忙忙地装着子弹，可是野鸭发出一声鸣叫，一齐飞起来了，高高地在树林上方排成长长的一列，很快就飞得看不见了。

他徒然穿过曲折狭窄的小径，在树林里奔跑搜索。树林是个荒凉的地方，他连一只麻雀也没有见到。糟糕的是，一桩不幸事又发生了：一声霹雳，大雨倾盆。浑身都是雨水，袋子里空空如也，猎人只好拖着疲乏的脚步走回家去了。

我们在一生中，总有种种的憧憬、种种的理想、种种的计划。假使能够将一切憧憬都抓住，将一切理想都实现，将一切计划都执行，那么事业上的成就，不知要怎样的宏大，我们的生命，不知要怎样的伟大。然而我们却总是惯于拖延，一拖再拖，有理想不能实现，有计划不去执行，终于坐视种种憧憬、理想、计划幻灭并消逝。

梦想和成功并不遥远。如果下定决心立刻去做，就会使你心中最热望的梦想实现。王牌保险销售员查尔斯正是如此。

查尔斯是一个打猎爱好者，他最喜欢的生活是带着钓鱼竿和猎枪步行 25 千米到森林里，过几天以后再回来，筋疲力尽、满身污泥，却快乐无比。

这类嗜好唯一不便的是，他是个保险推销员，打猎钓鱼太花时间。有一天，当他依依不舍地离开心爱的鲈鱼湖，准备打道回府时，突发异想：在这荒山野地里会不会也有居民需要保险？那他不就可以在户外逍遥的同时工作了吗？结果他发现果真有这种人：他们是阿拉斯加铁路公司的员工。他们散居在沿线 2.5 万米各段路轨的附近。他可不可以沿铁路向这些铁路工作人员、猎人和淘金者拉保呢？

查尔斯就在想到这个主意的当天开始积极计划。他向一个旅行社打听清楚以后，就开始整理行装。他不肯停下来让恐惧乘虚而入，也不左思右想找借口，他只是搭上船直接前往阿拉斯加。

查尔斯沿着铁路沿线开始了他的工作。很快他就成为那些与世隔绝的家庭最欢迎的人，不只因为没有人愿意跟他们打交道，他却前来拉保，还因为他代表了外面的世界。不但如此，他还学会理发，替当地人免费服务。他还无师自通地学会了烹饪，由于那些单身汉吃厌了罐头食品和腌肉，他的手艺自然使他变成了最受欢迎的贵客。同时，他也正在做自己最想做的事，徜徉于山野之间、打猎、钓鱼，过着自己想要的生活。

在人寿保险事业里，对一年卖出100万元以上的人设有光荣的特别头衔，叫作"百万圆桌"。在查尔斯的故事中，最不平常而使人惊讶的是：在他把突发的一念付诸行动以后，在动身前往阿拉斯加的荒原以后，在沿线走过没人愿意前来的铁路以后，他一年之内就做成了百万元的生意，因而赢得"圆桌"上的一席地位。假使他在突发奇想时，对于做事的秘诀有半点迟疑，这一切都不可能发生。

今日之事今日毕。今日有今日的事，明日有明日的事。今日的计划，今日的事情，今日就要去做，一定不要拖延到明日，因为明日还有新的计划和新的事情。

清代钱泳写了一则《明日歌》，内容为：

明日复明日，明日何其多！
我生待明日，万事成蹉跎。
世人皆被明日累，春去秋来老将至。
朝看水东流，暮看日西坠。
百年明日能几何？请君听我《明日歌》。

明代文嘉有一则《今日歌》，内容为：

今日复今日，今日何其少！
今日又不为，此事何时了？

人生百年几今日，今日不为真可惜！

若言姑待明朝至，明朝又有明朝事。

为君聊赋《今日诗》，努力请从今日始。

那些在事业上成功的杰出人士们总能够克服一般人都会具有的拖延的毛病，就是因为他们明确地知道时间的易逝、时间的可贵，所以，对于时间，他们总是像对待生命那样珍惜。

维克多·雨果是19世纪法国著名作家。有一回，他为了创作一部新作品，紧张地投入到工作中，可是，外面不断有人来邀他去赴宴，出于礼节，他不得不去，为此浪费了好多时间。最后，他想出了一个绝妙的办法，把自己的头发剪去一半，又把胡子剪掉，再把剪子扔到窗外。这样，他就不好出去会客，不得不留在家里。于是他专心致志地埋头创作，把又一部巨著奉献给人们。他把这种办法称之为“合理的方式”。

拖延是每个人都会有的坏习惯，那些杰出人士们为了打败拖延这个敌人，往往会给自己制定一张严密而又紧凑的工作计划表，然后坚决地去执行它。

人们问富兰克林：“你怎么能做那么多的事呢?”“您看看我的时间表就知道了。”他的作息时间表是什么样子呢？5点起床，规划一天事务，并自问：“我这一天要做些什么事?”上午8点至11点、下午2点至5点，工作。中午12点至1点，阅读，吃午饭。晚6点至9点，吃晚饭、谈话、娱乐、考查一天的工作，并自问：“我今天做了什么事?”

朋友劝富兰克林说：“天天如此，是不是过于……”“你热爱生命吗?”富兰克林摆摆手，打断朋友的话，“那么别浪费时间，因为时间是组成生命的材料。”

平庸的人总是有着计划而不去执行，而优秀的人总是知道：做以前留下来的事情，会是一件多么不愉快而要让人觉得困难丛生的事情。

拖延的习惯往往会妨碍人们做事，会打消一个人做事的热忱，消灭人的创造力。杰出的作家、翻译家林语堂先生对这个问题有一个非常艺术化的比拟：

有一天，一个神奇美妙的影像，突然闪电一般地袭入一位艺术家之心胸。但是他不想立刻提起画笔，将那不朽的影像形成在画布上；这个影像占领了他全部的心灵，然而他总是不跑进画室，埋首挥毫；最后，这幅神奇的图画，渐渐地在心灵上淡去了！

塞万提斯说："取道于'等一会儿'之街，人将走入'永不'之室！"说的正是这个道理。

命运无常，良机难再。那些卓越人士的成功就在于，每当有某种天才的、美妙的设想出现在心里的时候，他们绝不会拖延，而是抓住机会，动手去做。

世界上怕就怕"认真"二字，无论做什么事情，只有抱着认真的态度才能够将它做好。男孩要有所成就，就要养成认真细致的品质，形成认真做事的习惯。不积跬步，无以至千里。男孩要成就一番伟业，就必须从身边最容易的事情入手，认真地做好每一件小事。踏踏实实地做好每一件事，你才能够更快地走向成功。

第三章

勤奋努力——成就男孩非凡人生的前提

成功属于有刻苦精神的人

成功属于有刻苦精神的人。在英国小说家特罗洛普刚刚从事写作的时候，一个作家的建议使他受益终生，后来，他又把这句话送给了罗伯特·布坎南。他说："如果你想成为名垂千古的作家，在坐下来写作之前，先放一点鞋匠的粘胶在椅子上，有这样的创作精神才有希望成功。"

索尔·德拉克鲁斯是17世纪墨西哥著名的女诗人。她之所以能够在文学创作上取得杰出的成就，就是因为她自己不懈努力、勤学苦练。据说，在她十几岁的时候，她就已经成为当地有名的美女了，她不但有轻盈灵巧的身段，美丽动人的容貌，而且还长着一头人人艳羡的秀发。

当时，索尔的家人和朋友都希望她能成为一名出色的演员，因为以她的条件，做演员是再合适不过了。但是，她的志向并不是做一名演员，而是想成为一名诗人，能够经常用自己所写的美丽诗篇讴歌自己伟大的祖国和勤劳的人民。

虽然索尔一心想写好诗歌，但是她一开始所写的诗歌并不好，而且经常受到老师的批评。有一天，一群伙伴又跑到她家来找她出去一起玩。虽然她也很想出去，可最后还是婉言拒绝了："我这几天刚刚写了几首诗，正在请老师帮忙审阅呢！如果老师说我有进步，那我就和你们一起出去玩。如果说没有，那我就……”

因为大家都非常喜欢她，所以不想失去她这样一个很好的伙伴，于是大家就一起坐下来，耐心地等着。过了一会儿，老师拿着诗稿来了。索尔·德拉克鲁斯接过来一看，脸当时就红了，因为老师不但在上面修改了许多，而且还专门加了批语，说她进步很小，自己感到很失望，等等。索尔·德拉克鲁斯很认真地看着诗稿，一言不发，其他人也都默默地注视着她，忽然，她放下诗稿，随手抓起一把剪刀，“咔嚓”一下，就把自己那一头人人羡慕的长发剪了下来。顿时，大伙惊得目瞪口呆。

索尔·德拉克鲁斯为什么要剪掉自己美丽的头发呢？原来，为了写好诗，她给自己立下了一条规矩：如果自己在规定的时间里没有学好自己规定的课程，或者在学业上没有什么大的进步，自己就要把那一头漂亮的头发剪掉，以示惩罚。

她对自己那些还在目瞪口呆的伙伴说：“如果一个人没有任何的知识和才能，而只有一个空洞的脑袋，那她就不应该有漂亮的头发做装饰！”她又一次谢绝了伙伴们的邀请，在家里认真地做起诗来！

正因为索尔·德拉克鲁斯这样严格要求自己，不断发奋努力，她的诗才能写得越来越好，最终成为墨西哥著名的诗人。

勤劳是对成功的最好注解，也是通往成功的必由之路。古罗马有两座圣殿：一座是勤奋的圣殿，另一座是荣誉的圣殿。他们在安排座位时有一个秩序，就是必须经过前者，才能达到后者。勤奋是通往荣誉的必经之路，那些试图绕过勤奋、寻找荣誉的人，总是被荣誉拒之门外。

成功者都有一个共同的特点——勤奋。在这个世界上，投机取巧是永远都不会到达成功之路的，偷懒更是永远没有出头之日。

王永庆的发迹使他成为台湾传奇式的人物。成功的原因之一，正是王永庆本人常常提及的“一勤天下无难事”的道理。王永庆有一次在美国华盛顿企业学院演讲时，谈到了他一生的坎坷经历。他说：“先天环境的好坏，并不足为奇，成功的关键完全在于自己之努力。”

李嘉诚是海内外知名的企业家，曾有人问李嘉诚的成功秘诀。李嘉诚讲了一则故事：

日本“推销之神”原一平在69岁时的一次演讲会上，当有人问他推销的秘诀时，他当场脱掉鞋袜，将提问者请上讲台，说：“请你摸摸我的脚板。”

提问者摸了摸，十分惊讶地说：“您脚底的老茧好厚呀！”

原一平说：“因为我走的路比别人多，跑得比别人勤。”

提问者略一沉思，顿然醒悟。

李嘉诚讲完故事后，微笑着说：“我没有资格让你来摸我的脚板，但可以告诉你，我脚底的老茧也很厚。”

一位成功人士曾经说过：“我不知道有谁能够不经过勤奋工作而获得成功。”寓言中的守株待兔的人，曾经不费吹灰之力就得到一只兔子，但此后他就再也没有得到半只兔子。所以，不要指望不劳而获的成功。

勤奋是克服“先天不足”的良药

勤奋是成功的点金石，是克服先天不足的灵丹妙药。一个勤奋的男孩，即使一开始没有表现出惊人的天赋和过人的才华，但是只要他能够踏踏实实、坚持不懈，最终将比那些浅尝辄止、反复无常的天才取得更大的成绩。从某种意义上说，天才离不开勤奋就像勤奋离不开天才一样，如果你有着很高的才华，勤奋会让它绽放无限的光彩。如果你智力平庸、能力一般，勤奋可以弥补全部的不足。

爱因斯坦小的时候，有一次上制作课，老师要求每个人做一件小工艺品。课堂上，老师让学生们把他们的制作拿出来，一件一件地检查。当老师走到爱因斯坦面前时，他停住了，他拿起爱因斯坦制作的小板凳（那可不是一件成功的作品）问爱因斯坦：“世上难道还有比这更坏的小板凳吗?”

爱因斯坦以响亮的回答告诉老师说:“有!”

然后，他又从自己的小桌里拿出了一只板凳，对老师说:“这是我做的第一只。”

一个并不手巧的人最后仍然可以因为勤奋而成为一个伟大的科学家。另一个小故事，也能说明这一道理。

古希腊有位演讲家，他的口才很好，每一次演讲都能吸引众多的听众。但他年轻的时候却有口吃的毛病，经常受到大家的嘲笑。为了改正这一缺点，他坚持天天练习说话。有的时候跑到山顶上，嘴里含着小石子，训练自己的口形，摸索发音的规律。正是勤奋不懈的努力使他改掉了口吃的毛病，同时说出了一口流畅悦耳的话，从而实现了做演讲家的梦想。

自身的缺点并不可怕，可怕的是缺少勤奋的精神。自身之拙，可能会成为我们成功路上的障碍，但伟人、名人就是在克服障碍后得到桂冠的。即使是太行、王屋二山那么大的障碍也会被我们用愚公移山的精神，用勤奋一点点地挖掉，只要我们始终不放弃理想的话。NBA 的球星巴克利就是一个很好的例子。

1963 年 2 月 20 日，巴克利出生在美国亚拉巴马州一个名叫里兹的偏僻小镇里。在这个只有 6000 人的贫穷小镇，巴克利一出生就遭遇了与当时很多贫穷黑人小孩一样的不幸。刚出生 6 个星期，小巴克利就由于患有贫血症而进行了一次全身换血的大手术。幸好手术非常成功，他终于逃离了死神的魔掌，幸运地生存下来。

小小年纪的巴克利已经有了自己的目标，他要用篮球来让自己逃离贫穷，他有信心，也有决心。但当时很少有人会相信巴克利可以做到，甚至讥笑他在做白日梦，因为他没有表现出足够的篮球天赋。

在高一的时候，巴克利的身高还只有 178 厘米，所以他连校队也没能入选，但近 100 千克的夸张体重却让教练建议他去打美式足球。虽然如此，巴克利还是毫不动摇自己的决心，他坚持每天练球，直到深夜，风雨无阻，毫不理会别人的嘲笑眼光。为了锻炼弹跳力，巴克利每天都在顶端非常尖锐的栏栅跳来跳去，吓得他的母亲和外婆心惊肉跳。他要告诉每一个人，他一定可以实现自己的梦想。母亲格莲姆总是最支持儿子的人，一直在鼓励着巴克利，让他坚持自己的理想。苍天不负有心人，经过一年的苦练，巴克利的球技有了很大的进步，他终于在高二的时候进入了校队。进入校队后，巴克利只能做替补，出场时间少得可怜，但他依旧没有怨言，一上场必倾尽全力，场下他也是训练最刻苦的一个。

升高三的那个夏天，巴克利奇迹般地疯长了15厘米，体重也减少了10千克。这样，巴克利就有了一个很好的篮球员身材，再加上他刻苦练就的一身好球技，到高三的时候，他终于成了里兹高中篮球队的先发球员。凭着对篮球的热爱，经过不懈的努力，巴克利实现了他儿时的梦想。他终于实现了自己对妈妈的诺言，用篮球给妈妈带来美好的生活。

出生在一个一贫如洗的家庭，一个受尽白眼的胖小子坚持自己的理想，遭挫而不折，遇悲能不伤，最后经过自己的努力成功了。巴克利的成长经历就是一个靠勤奋克服自身局限的故事，值得我们每一个人深思。

巴克利说："世上大多数人，并不知道该如何才能在芸芸众生中脱颖而出。但我在孩提时代便已经决定无论我做什么，我都一定要成功。记住！只要你下定决心要成功，那么将没有任何人能阻止你。"

天才出于勤奋。著名数学家华罗庚说：勤能补拙是良训，一分辛勤一分才。凡是在某一领域被称作天才的人，无一不是经过辛勤的汗水才换来这样的荣誉的。

东晋大书法家王羲之被后人誉为"书圣"。在教育儿子王献之习字方面，他也非常强调刻苦。王献之自小就很聪明，每天看到父亲写字时笔走龙蛇，感到很有意思。于是他就想，父亲从小就开始写字了，我为什么不能从现在起跟父亲学写字呢?

王羲之练习书法特别刻苦，有时候在吃饭时他仍然会沉醉在书法之中，甚至会因此而忘记了吃饭。有一次，因为不小心，他把酒杯给碰倒了，但是王羲之并不去扶酒杯，而是伸出手指，蘸着泼在桌上的酒继续画着。献之看见，忍不住笑了:“父亲真是个字疯子!”母亲见了，严肃地对他说:“这有什么好笑的，你父亲字写得出色，就是因为这样刻苦练出来的呀!”

“父亲的字一定会超过古代前辈的，真是太让人骄傲啦，我也要像父亲一样!”小献之很认真地说。

父亲听了，突然抬起头，问道:“孩子，你说的是真的吗?如果你真的想学，那你可得做好吃苦的准备呀!”

“当然是真的，父亲，您放心吧，我能吃苦，您从现在起教我练字吧。”一向都很贪玩的献之此时一本正经地说。从那以后，献之再也不出去玩了，而是待在家里，安心练字。连小伙伴叫他去游泳他都毫不动心。一个月之后，献之拿了几张“得意之作”交给母亲看。

“母亲，您看这是我写的字，您觉得怎么样呀?”

母亲笑着说:“有进步了!”

“那我再这样练三年，是不是就可以赶上父亲了呢?”

“那还远着呢!”

“五年呢?”

“还远着呢!”

献之有些急了:“那究竟要练多长时间才行呀?”

这时，王羲之从书房内走了出来，他用手指了指院子里的大水缸，说:“你要能写完像这样的十八缸墨水，那你就有可能追上父亲了!”献之听了，非常认真地点了点头。

从那天起，他就决定一切都从头开始，从最基本的点、横、撇、捺、钩开始练起。就这样，他足足写了两年。当他再把自己的字拿给父亲看时，父亲没作声;他又拿给母亲看，母亲也没作声。小献之知道，这是因为自己写得并不好，于是他回到自己的房间，继续努力。五年之后，献之又把他写的字拿给父亲看，没想到父亲还是不说话，他笑着摇了摇头，拿起笔在一个“大”字下面给添了一个点，这样就成了一个“太”字。

献之又把字拿着让母亲看。母亲仔细翻看了一番，最后，指着一个“太”字说：“你练了这么多年的字，总算有一点像你父亲了。”献之听了，心里羞愧极了，这正是父亲给加上去的那一点呀！献之不得不承认，自己的字和父亲的相比还差很远哩。

从此以后，王献之一头扎进书房苦习书法，在父亲的精心指点下，十分刻苦地下起工夫来，终于把那十八缸墨水写光了。功夫不负有心人，王献之的书法一天比一天有进步，终于成为继自己的父亲之后又一个伟大的书法家，和他的父亲一起被称为书法史上的“二王”。

英国画家雷诺兹曾对天才做过这样的阐释：天才除了全身心地专注于自己的目标，工作非常刻苦努力之外，与常人并无两样。如果男孩想在自己的生涯中取得令人骄傲的成绩，就应当像王献之那样，为自己定下一个目标，并为之锲而不舍地努力。

美好的生活要靠勤劳获取

很久以前，有一个叫汉克的年轻人，一心想成为一个富翁。他觉得成为富翁的捷径便是学会炼金之术。因此，他把自己所有的时间、金钱和精力都花在寻找炼金术这件事情上。很快他就花光了自己的全部积蓄，家中也因此变得一贫如洗，连饭都没得吃了。妻子无奈，跑到父亲那里诉苦。她父亲决定帮女婿改掉恶习。

于是他叫来汉克并对他说：“我已经掌握了炼金之术，只是现在还缺少一样炼金的东西……”

“快告诉我还缺少什么？”汉克急切地问道。

“那好吧，我可以让你知道这个秘密。我需要3千克香蕉叶的白色绒毛。这些绒毛必须是你自己种的香蕉树上的。等到收齐绒毛后，我便告诉你炼金的方法。”汉克回家后立刻将已荒废多年的田地种上了香蕉。为了尽快凑齐绒毛，他除了种以前就有的自家的田地外，还开垦了大量的荒地。当香蕉长熟后，他便小心地从每张香蕉叶下刮收白绒毛。而他的妻子和儿女则抬着一串串香蕉到市场上去卖。

就这样，10年过去了。汉克终于收集够了3千克绒毛。这天，他一脸兴奋地拿着绒毛来到岳父的家里，向岳父讨要炼金之术。

岳父指着院中的一间房子说：“现在你把那边的房门打开看看。”

汉克打开了那扇门，立即看到满屋金光，竟全是黄金，她的妻子儿女都站在屋中。妻子告诉他这些金子都是他这10年里所种的香蕉换来的。面对着满屋实实在在的黄金，汉克恍然大悟。

美好的生活要靠勤劳获取。只有脚踏实地，靠自己的双手辛勤劳动，才能够过上好的生活。

彼得大帝作为俄国王位的继任者，也是通过艰辛的努力才真正得到自己的王位的。和其他王室成员不一样，他经常换下宫廷服装，穿上工作服去从事劳动。他看到西欧文明的成果在俄国几乎不为人知，感到痛心疾首，便下定决心进行自我教育，提高自己国民的素质。26岁那年，正是其他的王子们耽于玩乐的年龄，他开始周游各国，他的目的并不是为了游山玩水，而是向这些国家中的优秀人们学习。在荷兰，他自愿为一位造船师当学徒。在英国，他在造纸厂、磨房、制表厂和其他工厂里干活。他不仅细心地观察，而且像普通工人一样干活并拿到工资。

在伊斯提亚铸铁厂，他用一个月的时间来学习怎样冶炼金属，最后一天他铸造了约300千克的铁，把自己的名字铸在了上面。其他一些陪同他出访的俄国贵族子弟可能根本没有想到他们会干这样的苦活，当然最后他们也不得不背运煤块和拉风箱。他问工头穆勒，普通的铁匠每铸16千克的铁可以得到多少报酬。“3个戈比。”穆勒回答说。但是工头付给彼得大帝 18 个金币。“你的金币自己留着吧，”彼得说，“我并没有比普通的工匠干更多的活，你给别人多少就给我多少吧！我想买一双鞋，我的鞋实在不能穿了。”实际上他脚上穿的鞋已经补过一次了，现在又满是破洞。他对新鞋很满意，说：“这是我用自己的汗水换来的。”

彼得大帝铸造的一根铁棒现在还在穆勒的伊斯提亚铸铁厂展示，上面有他的名字。还有一根保存在匹兹堡的国家珍奇博物馆，作为对亲自参加工作的这位伟大国王的纪念。这对每个俄国人都是很有启发的：国家要想永远地繁荣下去，不管是农民还是沙皇，都需要像彼得大帝这样辛勤地工作。

彼得大帝的事例告诉我们：只有靠自己的汗水和辛勤劳动换来的生活才是最真实、最美好的生活。俗话说，天下没有免费的午餐，要想收获美好的果实，就必须付出辛勤的劳动。

日本有一句著名的谚语：“除了阳光、空气是大自然的赋予，其余的一切都要靠劳动才能获得。”

每天多做一点点

李强大学毕业后，被分配到一个小镇上当老师，薪水十分微薄。其实他的优势很明显：教学基本功不错，还擅长写作。李强一边抱怨命运的不公，一边羡慕那些工作体面、薪水优厚的同学。这样一来，李强不仅对工作提不起兴趣，写作也变得索然无味，他不务正业，一天到晚琢磨着“跳槽”，希望能有机会调到一个较好的工作单位。

两年的时间一晃而过，李强的本职工作干得一塌糊涂，写作上也一无所获。这期间，他试着联系几家自己向往已久的单位，但没有一家单位愿意接纳他。

正在李强心灰意懒的时候，一件平常的小事，彻底改变了李强的生活状态。

那天学校开运动会，这在生活极其贫乏的小镇，无疑是件大事，因而前来观看的人络绎不绝，小小的操场围得水泄不通。李强来晚了，他站在人墙后面，使劲踮起脚也看不到里面热闹的情景。

这时，身旁一个矮小的男孩引起了李强的注意，只见他一趟趟地从不远处搬来砖头，在那人墙后面，耐心地垒着台子，一层又一层，足有半米高。李强不知道他花费了多长的时间垒起这个台子，不知道他因此少看了多少精彩的比赛，但他登上自己垒起的台子朝周围的观众粲然一笑时，那份成功的喜悦，却是那样的令李强神往。

刹那间，李强的心被震了一下——多么简单的事情啊：要想越过密密的人墙看到精彩的比赛，只要在脚下多垫一些砖头。

从那以后，李强满怀激情地投入到工作中去。很快，他被评上了优秀教师，各种令人羡慕的荣誉也纷纷落到他头上，业余时间，他笔耕不辍，作品频繁见诸报端，成了多家报刊的特约撰稿人。如今，他已是小有名气的专栏作家。

富兰克林说过“做得好胜于说得好”。无论什么事，都要勤奋地做，脚踏实地地做，默默地在自己脚下多垫些“砖头”，这样，你才会更加接近成功。俗话说，一分耕耘，一分收获。生活是公平的，付出越多得到越多。每天多做一点点，积少成多，时间长了，你就会实现自己的理想，收获自己想要的成功。

时间是组成生命的材料。一切节约，归根到底都是时间的节约。时间是你可以掌握在手中的最宝贵的财富。如果你想取得成功，就必须认识到时间的价值。对于男孩来讲，时间尤其宝贵，我们应当像珍惜自己生命一样珍惜自己的时间，只有这样，我们才能够在有限的人生中做出更多有意义的事情。

每天都是一个新起点

有一天，池沼向在自己身边奔流而过的河流问道：“你整天川流不息，一定累得要命吧！你一会儿背着沉重的大船，一会儿负着长长的水筏，在我眼前奔流而过。你什么时候才能抛弃这种无聊的生活呢？像我这样安逸的生活，你找得到吗？我是一个幸福的闲人，舒舒服服、悠悠闲闲地荡漾在柔和的泥岸之间，好比高贵的太太们窝在沙发的靠枕里一样。大船小船也罢，漂来的木头也罢，我这儿可没有这些无谓的纷扰；至多偶尔有几片落叶漂浮在我的胸膛上，那是微风把它们送来和我一起休息的。一切风暴有树林挡住，一切烦恼我也沾染不上，我的命运是再好不过的了。周围的尘世不断地忙忙碌碌，我却躺在哲学的梦里养神休息。”

“哲学家，你既然懂得道理，可别忘了这条法则，”河流回答，“水只有流动才能保持新鲜，我成了伟大壮阔的河流就是因为我不躺在那儿做梦，而是按照这个法则川流不息。结果呢，我的源源不绝的水，又多又清的水，年复一年地给人们带来了幸福，因而赢得了光荣的名誉，或许我还要世世代代地川流不息下去。那时候，你的名字就不会有人知道了。”

多年以后，河流的话果然应验了，壮丽的河仍旧川流不息，池沼却一年浅似一年。池沼的表面浮着一层黏液，芦苇生出来了，而且生长得很快，池沼终于干涸了。

这个故事告诉我们这样一个道理：水只有在流动中才能够保持新鲜，人只有在不断进取的状态下才能够永葆生命的活力。既然生命不息，那就应该不断进取，超越自我。

在日常生活中，我们都有这样的感觉：好像每天都在做同样的事情。今天是昨天的重复，明天又是今天的翻版，既单调又平凡。

但如果每天只是这样翻来覆去地延续，人生就毫无希望、毫无意义了。日本著名企业家松下幸之助先生认为，倘若希望实现繁荣、和平与幸福，生活不应是单调的反复。今天应该比昨天进一步，明天则比今天进一步，也就是每天要有生成发展。那么生成发展到底是什么？对人生的意义又在何处？

按松下幸之助的理解，所谓“生成发展”，就是日新月异，每一刹那都是新的人生，每一刹那都有新的生命在跃动。这就是旧的东西灭亡，新的东西诞生的历程。世间的一切事物没有一刻是静止的，它不断在运动、不断在变化。这种运动和变化是随着自然法则进行的，是不可动摇的宇宙哲理。

假定生成发展是自然法则，那么每天的生活，就必须经常保持新的创意和发明。有句俗语“十年如一日”，这是说10年的努力就好像1天的努力那样充满活力。它强调的是勤劳、努力与毅力这种精神，并不是说在这过程中不要有任何进步。这种十年如一日的努力，一定会产生非常新颖的创意和进步。假如大家的工作10年来没有任何变化，而是千篇一律，那么就是违反了生成发展的原理。

生命不息，前进不止。对于一个积极进取的人来说，每一天都是崭新的起点。如果你能时刻保持进取的心态，每天都要求自己比以前有所进步，时间长了，你就能够成为一个十分优秀杰出的人。

超越自我，和自己比赛

很多年前，有一群熊欢乐地生活在一片树木茂密、食物充足的森林里，它们在这里繁衍后代，同其他动物友好相处。后来有一天，地球上发生了巨大变化，这片森林被雷电焚烧，各种动物四散奔逃，熊的生命也受到威胁。其中一部分熊提议说：“我们北上吧，在那里我们没有天敌，可以使我们发展得更强大。”另一部分则反对：“那里太冷了，如果到了那里，只怕我们大家都要被冻死、饿死。还不如去找一个温暖的地方好好生存，可供我们吃的食物也很多，我们也会很容易生存下来。”争论了半天，它们谁也说服不了谁，结果，一部分熊去了北极边缘生活，另一部分则去了一个四季温暖、草木繁茂的盆地居住下来。

到了北极边缘的熊，由于气候寒冷，它们逐渐学会了在冰冷的海水中游泳，还学会了潜入水下、到海水中捕食鱼虾，甚至敢与比自己体积还大的海豹搏斗……长期下来，它们的身体比以前更大、更重、更凶猛。这就是我们现在看到的北极熊。

另一部分熊到了盆地之后才发现：这里的肉食动物太多了，自己身体笨重，根本无法和别的肉食动物竞争，便决定不吃肉了，改为吃草。没想到这里的食草动物更多，竞争更激烈。草也吃不成了，只好改吃别的动物都不吃的东西——竹子，这才得以生存下来。渐渐地它们把竹子作为自己唯一的食物来源。由于没有其他动物和它们争抢食物，它们变得好吃懒动，体态臃肿不堪，就演化成了我们现在看到的大熊猫。但后来竹林越来越少，大熊猫的数量也越来越少，几乎濒临灭绝，只能被关在动物园里，靠人类的帮助才能生存。

熊的遭遇如此，每个人的人生又何尝不是这样呢？如果自己不主动去竞争，迟早也会和大熊猫的遭遇一样，被别人排挤，甚至被别人吃掉。

中国有句古话叫作“胜人者有力，自胜者强”，这句话告诉我们：一个人只有战胜自己、超越自己，才能够成为一个真正的强者。一个人超越不了自己，就谈不上超越别人。这不但不利于自己人生的发展，也很难在竞争激烈的社会上立足，最终只能为时代大潮所抛弃。

现在的社会是一个崇尚竞争的社会，只有不断进取、不断挑战和超越自己的人才能够成为最后的成功者。

吴士宏从一个“毫无生气甚至满足不了温饱的护士职业”（吴士宏语），先后当上 IBM 华南区的总经理，微软中国总经理，TCL 集团常务董事、副总裁，靠的就是这种不断超越自己的进取精神。

外表温文、满脸带笑的吴士宏曾经是北京一家医院的普通护士。用吴士宏自己的话说，那时的她除了自卑地活着，一无所有。她自考英语专科，在她还差一年毕业时，她看到报纸上 IBM 公司在招聘，于是她通过外企服务公司准备应聘该公司，在此前外企服务公司向 IBM 推荐过好多人都没有被聘用，吴士宏虽然没有高学历，也没有外企工作的资历，但她有一个信念，那就是“绝不允许别人把我拦在任何门外”，结果她被聘用了。

据她回忆，1985 年，她为了离开原来毫无生气甚至满足不了温饱的护士职业，凭着一台收音机，花了一年半时间学完了许国璋英语 3 年的课程。正好此时 IBM 公司招聘员工，于是吴士宏鼓足勇气，走进了世界最大的信息产业公司 IBM 公司的北京办事处。

IBM 公司的面试十分严格，但吴士宏都顺利通过了筛选。到了面试即将结束的时候，主考官问她会不会打字，她条件反射地说：“会！”

“那么你一分钟能打多少？”

“您的要求是多少？”

主考官说了一个标准，吴士宏马上承诺说可以。因为她环视四周，发觉考场里没有一台打字机。果然，主考官说下次录取时再加试打字。

实际上吴士宏从未摸过打字机。面试结束，吴士宏飞也似的跑回去，向亲友借了 170 元买了一台打字机，没日没夜地敲打了一星期，双手疲乏得连吃饭都拿不住筷子，竟奇迹般地敲出了专业打字员的水平。以后好几个月她才还清了这笔对她来说不小的债务，而 IBM 公司却一直没有考她的打字功夫。

吴士宏就这样成了这家世界著名企业的一名最普通的员工。

靠着这种不断超越自我的意识，吴士宏顺利地迈入了 IBM 公司的大门。进入 IBM 公司的吴士宏不甘心只做一名普通的员工，因此，她每天比别人多花 6 个小时用于工作和学习。于是，在同一批聘用者中，吴士宏第一个做了业务代表。接着，同样的付出又使她第一批成为本土的经理，然后又成为第一批去美国本部作战略研究的人。最后，吴士宏又第一个成为 IBM 华南区的总经理。这就是多付出的回报。

1998 年 2 月 18 日，吴士宏被任命为微软（中国）有限公司总经理，全权负责包括香港在内的微软中国区业务。据说为争取她加盟微软，国际“猎头公司”和微软公司做了长达半年之久的艰苦努力。吴士宏在微软仅仅用7个月的时间就超额完成了全年销售额的30%。

在中国信息产业界，吴士宏创下了几项第一：她是第一个成为跨国信息产业公司中国区总经理的内地人；她是唯一一个登上如此高位上的女性；她是唯一一个只有初中文凭和成人高考英语大专文凭的总经理。在中国经理人中，吴士宏被尊为“打工皇后”。

正是这种不断超越自我的精神，成就了吴士宏事业上的辉煌。事实上，超越的意识时刻存在于我们的意识之中，大多数人都从后来的懵懂中学会了关注和审视别人。学习上的尖子、生活中的强者、各个领域的明星人物自然成了我们关注和审视的对象。我们会情不自禁地问自己：“为什么他们能够取得如此的成绩，而我却总是这样平平庸庸地过活呢？”

我们不能仅仅局限于对于别人成就的羡慕和徒做无聊的叹息，应更加注重于了解自己的能力和潜质，从而付出努力以争取达到自己理想中的目标。“每个人都会有一片明朗的天空”，我们已经从消极走向了积极，从被动走向了主动，我们不再羞怯，不再遮掩，也不再隐忍，而是将心中的兴奋与激动化作行动，化为汗水，洒在成功的路上。而当我们终于踏上成功巅峰的时候，我们会惊叹自己有如此之大的能耐，有如此之深的潜能，而这在以前只不过是一种梦想罢了。

事实上，这就是超越。超越自我，积极进取，不断地发展自己、丰富自己。在眼界上，努力地汲取新知识，思考新问题，在个人能力上，不断地否定自己、超越自己，不断地给自己制定新的目标，这样男孩就能够在未来的社会上成为一个胜利者和成功者。

第四章

敢于冒险——男孩成功的入场券

不离开海岸，就无法发现新大陆

很多人似乎都习惯于“躺在床上”过一辈子，因为他们从来不愿去冒险，不管是在生活中，还是在事业上。但是，当我们横穿马路的时候，实际上总有着被车撞倒的危险；当我们在海里游泳的时候，也同样有着被卷入逆流或激浪的危险。尽管统计数字表明，坐飞机比乘汽车要安全一些，但我们的每一次飞行仍然包含着风险。毕竟我们必须依赖于飞机牢固的构造及其良好的性能。如果不是由自己驾驶的话，我们还必须寄希望于飞行员和整个机组。

每个人都会面临危险，除非我们永远原地不动。然而事实上，我们总是处在这样那样的危险境地，因为我们别无选择。我们必须横穿马路才能走到另一边去；我们也必须依靠汽车、飞机或轮船之类的交通工具，才能从一个地方到达另一个地方。

法国作家纪德曾经说过这样一句让人深思的话：“若不先离开海岸，是永远不可能发现新大陆的。”

在我们身边，许多成功人士，并不见得比你能力强，但重要的是他比你敢冒险，从而冲破人生难关。哈默就是这样一个人。

1956年，58岁的哈默购买了西方石油公司，开始从事石油生意。石油是赚大钱的行业，正因为最能赚钱，所以竞争尤为激烈。初涉石油领域的哈默要建立起自己的石油王国，无疑面临着极大的竞争风险。首先碰到的是油源问题。1960年石油产量占美国总产量38%的得克萨斯州，已被几家大石油公司垄断，哈默无法插手；沙特阿拉伯是美国埃克森石油公司的天下，哈默难以染指。

如何解决油源问题呢？

1960年，当花费了1000万美元勘探基金而毫无结果时，哈默再一次冒险地接受一位青年地质家的建议：旧金山以东一片被德士古石油公司放弃的地区，可能蕴藏着丰富的天然气，并建议哈默的西方石油公司把它租下来。哈默又千方百计从各方面筹集了一大笔钱，投入了这一冒险的投资。当钻到262米深时，终于钻出了加利福尼亚州的第二大天然气田，估计价值在2亿美元以上。

哈默的成功告诉我们：

“风险和收获的大小是成正比的，巨大的风险能带来巨大的收益。”

“幸运喜欢接近勇敢的人，冒险是表现在人身上的一种勇气和魄力。”

冒险与收获常常是结伴而行的。

想象一下哥伦布和水手离开故乡安全的海岸时，所感受到的焦虑与恐惧。他们心知自己很可能迷失在世界的边缘，永远回不了家，但这并未阻止他们的航程。同样的恐惧和不安也曾在无数先驱者心中盘桓，却未让他们放弃探险，登山队员不会因害怕而放弃登山，海洋学者也不会因忧虑而放弃潜海，飞行家不会放弃飞上蓝天，航天人也不会因恐惧而不再登上飞船……即使他们在这段过程中可能会经历各种难以预料的危险，他们也不会放弃冒险。

也许，你本来可以摘取成功之果，分享成功的最大喜悦，可是由于怕冒风险你放弃了。与其造成这样的悔恨和遗憾，不如去勇敢地闯荡和探索。年轻人需要一种勇于冒险的精神，勇敢地去闯，冒险会让你的生命更加精彩。

冒险是成功的催化剂

那些在事业上获得巨大成就的人往往是具有冒险精神的人。事实上，没有冒险就没有机遇，没有机遇就很难成功。机遇从来都伴随着挑战，如果你畏惧挑战而放弃，相应地，你也失去了难得的机遇。敢于冒险，在一定程度上，是和成功相关联的。与其平庸地过一生，不如为自己的理想勇敢去冒险和闯荡，做一个敢于冒险的英雄。

曾有两位少年去求助一位老人，他们问着相同的问题："我有许多的梦想和抱负，但总是笨手笨脚，无从下手，不知道如何才能实现自己的目标。"

老人给他们一人一颗种子，细心地交代："这是一颗神奇的种子，谁能够妥善地保存它，谁就能够实现他的理想。"

几年后，老人碰到了这两位少年，顺便问起种子的情况。

第一位少年谨慎地拿着锦盒，缓缓地掀开里头的棉布，对着老人说："我把种子收藏在锦盒里，时时刻刻都将它妥善地保存着。为了能够完整保存地这颗种子，我为它专门建了一个恒温室。我相信它现在仍完好如初，其价值没有任何折损。"

接着第二位少年，汗流浃背地指着旁边的一座山丘道："您看，我把这颗神奇种子，埋在土里灌溉施肥，现在整座山丘都长满了果树，每一棵果树都结满了果实，原来的一颗种子现在变为了千万颗。这就是我实现这颗神奇种子价值的方法。"

老人关切地说："孩子们，我给的并不是什么神奇的种子，不过是一般的种子而已。如果只是守着它，永远不会有结果；只有用汗水灌溉，才能有丰硕的成果。让种子生根发芽，虽然会冒风霜雨雪侵蚀的风险，但正由于经历了这些锤炼，生命才焕发出神奇的力量，种子的价值才真正得到了实现和延续。”

第一位少年不敢冒险，结果失败。不敢冒险去做，其实是冒了更多的险。冒险与收获常常结伴而行。险中有夷，危中有利，要想有卓越的人生，就要敢冒险。现代社会，几乎每次变革和创新，都会面临一定的风险。因此，人们在尝试新事物前，要做好可能失败的心理准备，尽管他们会做出各种努力去规避风险。

有些人很聪明，对不测因素和风险看得太清楚了。不敢冒一点险，结果聪明反被聪明误，永远只能过一种平庸的生活。勇于尝试可以让你发现机会，化危机为转机。有些在平时看似“不可能”的事情，在你的尝试中也可能变成现实。正如一位成功人士所说的那样，尝试可以创造奇迹。也有不少人因为生活经历较少，经验不足，遇事都不敢主动去冒险，结果错失了许多的机遇。事实上，敢冒风险并非铤而走险，敢冒风险的勇气和胆略是建立在对客观现实的科学分析基础之上的。顺应客观规律，加上主观努力，力争从风险中获得利益，这是成功者必备的心理素质。

我们应该明白这样一个道理：与其不尝试而失败，不如尝试了再失败，不战而败是一种极端怯懦的行为。如果想成为一个成功者，就要具备坚强的毅力、勇气和胆略。

那些遇到危机和困境而又缺乏行动能力的人，总是为自己的行动先寻找理由。一般来说，编造种种借口和理由拒绝行动的人，用一整套懒汉理论武装了自己，他们不想冒险摆脱危机或困境，而只想等人来救，殊不知，这样下去才更可能因耗尽精力而无力回天。

一件事情只有去做了，才能判定自己行或不行，因为太多的事情对社会来说是前所未有的，对参与者来说从未做过，只有勇敢地去冒险、去尝试，才能把握其中的诀窍，并锻炼自己的能力。不愿、不敢去冒险的人，注定在碌碌无为的人生中，对自己向往的事物也一点点地失去兴趣，直至平庸的生活将其变得麻木。

真正的人生不可能没有风雨，只有勇敢地走出去，为了生活的理想而冒险，才能在别人犹豫不决时果断决策，才能不安于现状，创造更多辉煌。所以说，如果不去冒险，本身就已经非常危险。在我们周围许多人努力过着或正过着安逸的生活，喜欢安逸固然无可厚非，但同时也失去了成功的机会。想想广为人知的成功人士，没有人是过着安逸的生活而成功的，他们的成功正源于他们不同于平凡人的敢冒风险。丹麦哲学家克尔恺郭尔说："在一个人生命的初始阶段，最大的危险就是：不冒风险。"隐匿中固然可以获得平稳的生活，同时也丧失了成功的可能。人生就是一场冒险，畏缩不前的人，永远走不到远方。

最好的机会一定在危险之中

按照巴菲特的说法，概率是"生活的真正指南"。博弈中，为了做出正确的决策，我们就要学会用概率论的眼光看问题。在大多数情况下，都没必要认为某种选择的成功概率一定是100%或0，但是要学会分析一件事情"可改变的概率"或"可能发生的概率"。

世界著名服装设计师皮尔·卡丹是个非常敢于冒险的人，而他对马克西姆餐厅的经营策略更是体现了这位现代公司家和服装设计大师在关键时刻的决策能力和才干。

马克西姆餐厅创建于1893年，是法国著名的高档餐厅。但是，发展到20世纪70年代，餐厅经营越来越不景气，到1977年时，已濒临倒闭的边缘。这时皮尔·卡丹却决定买下马克西姆餐厅，朋友都以为皮尔·卡丹在开玩笑，纷纷劝阻他："这个餐厅本来就不景气，如果要买下来肯定耗资巨大，等于自己给自己拖一个包袱。"还有人对他说："不要让自己走向破产，头脑要冷静一点。"但是，皮尔·卡丹自己认为：马克西姆虽然目前不景气，但历史悠久，牌子老，有优势。它经营状况不佳的主要原因在于档次太高，而且单一，市场也局限在国内，只要从这几个方面加以改进，肯定可以收到成效。而且，趁其不景气的时候购买，才能以低价买进。

1981 年，皮尔·卡丹终于以巨款买下了马克西姆这一巨大产业。经营伊始，他立即着手改革，以图走出困境。首先，增设档次，在单一的高档菜的基础上再增加中档和一般的菜点。其次，扩大经营范围，除菜点外，兼营鲜花、水果和高档调味品。另外，皮尔·卡丹还在世界各地设立马克西姆餐厅分店，取得了良好的经济效益。事实证明他当初的冒险是非常正确的。

皮尔·卡丹在冒险中走出了一条成功之路，但有些人却因懦弱而与平庸相伴。成功意味着冲破平庸，而其中的一条捷径就是——敢于冒险。

敢于冒险，勇敢为之的人并不多，而这不多的敢于冒险的人数和财富场上成功者的人数，恰好成正比。石油大王哈默告诉人们："不会冒险的人永远也不会取得成功。惧怕失败，不冒风险，平平稳稳地过一辈子，虽然可靠，虽然平静，但只是一个悲哀而无聊的人生，一个懦夫的人生，其中最令人痛惜的就是，你自己葬送了自己的潜能。"因此，渴望成功的男孩，不如大胆地迎接危险，因为在危险之中成功远比在安稳之中平庸一辈子更有意义。

危机可以是一种转机

如台风带来海啸一般，机遇常与风险并肩而来。但是，这个世界从来缺少的都不是机会，而是缺少发现机会的眼光。同样的一件事，有的人只看到了表面的危机，有的人却看到了潜伏的机遇。

一些人看见风险便退避三舍，再好的机遇在他眼中都失去了魅力。这种人往往在机会来临之日踌躇不前，瞻前顾后，最终什么事也干不成。任何机会都有一定的风险性，如果因为怕风险就连机会也不要了，这样的人无异于因噎废食、胆小怕事的懦夫。但凡成大事的人，无不慧眼辨机，他们在机遇中看到风险，更在风险中逮住机遇。对于他们来说，危机其实就是机遇。戴高乐曾经说过："困难，特别吸引坚强的人。因为他只有在拥抱困难时，才会真正认识自己。"

为什么你仍然没有改变？没有受到机遇的垂青？你问过自己吗？面对危机时，你自己努力过吗？对于你所遭遇的困难，你愿意努力去尝试，而且不止一次地尝试吗？只试一次是绝对不够的，需要多次尝试。那样你会发现自己原来蕴藏着巨大能量。许多人之所以失败只是因为未能竭尽所能去尝试，而这些努力正是成功的必备条件。

在汉语里，"危机"这个词是由两个字组成的，"危"的意思是"危险"，"机"字则可以理解为"机遇"。通常，胆小懦弱的人习惯性地只看到"危险"，而看不到"机遇"；那些胆大心细、敢于冒险的人却能拨开危险的迷雾抓住机遇，而抓住机遇离成功也就不远了。

南宋绍兴十年七月，城中的一条繁华商业街不幸失火，数以万计的房屋商铺被大火吞没，顷刻间化为灰烬。一位裴姓富商，苦心经营了大半生的几间当铺和珠宝店也被大火所包围，眼看大半辈子的心血即将毁于一旦，他却没有让伙计和奴仆冲进火海帮他抢救珠宝财物，而是不慌不忙地指挥大家撤离，一副听天由命的样子，令人十分不解。

火灾之后，裴先生不动声色地派人从谷地大量收购木材、毛竹、砖瓦、石灰等建筑材料。不久，朝廷下令重建杭州城，因建筑材料短缺，凡经营销售建筑材料者一律免税。杭州城里一时大兴土木，建筑材料供不应求，价格陡涨，裴先生也因此大赚一笔，甚至赚得比被火灾焚毁的财产还多。原本是一场可能导致破产的大火灾，却变成了积累财富的一个契机。

看来，一念之间，危机便可成为转机。

危机化为转机，其实就是一种创新，裴先生是转化危机的成功者，他敢于打破传统的观念，尝试新的想法，创造新的办法。生活就是这样，机遇对每个人都是公正的，与其说它青睐那些有头脑的人，不如说有头脑的人善于抓机遇，他们看到了藏在危机面具之下的机遇之神，用自己的智慧与勇敢抓住了“危险”的机遇。

而无论在生活中还是工作中，机会只偏爱那些有准备的人，这样的人才会懂得如何经营自己的命运，才会比别人收获得更多。在危机面前，他们也就能够从容镇定，“谈笑间，樯橹灰飞烟灭”，化危机为转机。

危机就像一个洪水猛兽，人人避而远之，但是危机和成功就像是孪生兄弟，想成功就避不开危机。危机可能来自于个人的生理、心理，也可能来自于外界因素。但无论哪一种，只要你拿出勇气，充满信心积极想办法都能克服。“塞翁失马，焉知非福”，危机中常常蕴含着转机，关键看你能不能把握住。

化危机为转机，不仅需要方法，还需要坚定的信念，而坚定的信念则来自于你强烈的自信心、过人的勇气和胆识。没有哪家保险公司能为你的事业成功提供保险，更没有谁能为你家庭的幸福提供保障。大多数情况下，你都会处在一个摸着石头过河的境况中，危机难以避免。但如果你拥有化危机为转机的方法和信念，你就会有惊无险，甚至会有意外之喜。

化危机为转机还必备勇敢冒险精神。在平时，敢想敢干、坚持不懈对于处理生活中遇到的问题能够起到巨大的作用。在发生危机的时候，采取勇敢的态度不但有助于解决面临的问题，而且危机所带来的压力常常能最大限度地刺激一个人的潜能，使他做出在平常状态下做不到的事情，从而开创出新的局面。

盲目冒险和不思进取一样危险

每一场风险的应对都是我们与他人的一场斗争，在这种斗争中，我们无论如何不能失去“痛觉”，盲目行事。

北极的因纽特人利用独特的气候条件，发明了一种独特的捕狼方法。

方法其实很简单，是在冰原上凿一个坑，把一把尖刀的刀柄放进去并做固定，往刀子上洒上一些鲜血，然后用冰雪把刀子埋好。不一会儿，寒冷的天气就把这个小雪堆冻成了一个冰疙瘩，最后，他们再往冰堆上洒一点血，就大功告成功了，剩下要做的只是到时候来收获猎物。

在冰原上四处觅食的饿狼闻到血腥味后，就会来到这个冰疙瘩前，它以为这里面会有一只受伤倒毙的小动物。狼于是开始用自己的舌头舔冰堆上的血迹，并希望将冰堆舔开，以吃到埋在里面的食物。不多会儿，它就舔到了刀尖。但这时，它的舌头因为舔了半天的冰块，已经被冻得麻木了，没有了痛觉，只有嗅觉在告诉它：血腥味越来越浓，美味的食物已经马上就要到口了。

于是，饥饿的狼继续用舌头在刀尖上舔来舔去，它自己的血越流越多，血腥味又刺激着它更加卖力地舔下去……最终，失血过多的狼倒在雪地里，成为因纽特人的美食！

在这场狼与人的斗争中，人用了一点点计谋就让狼丧失了对风险的警惕，从而“乖乖”躺在了地上。这就提醒我们，在生活中，要时刻保持对风险的“痛觉”，千万不能盲目冒险。

有人说，生存本身就是一种风险。在我们生活的世界里，风险就像空气般充斥在我们的周围；街道、家里、办公场所，时时刻刻隐藏着许多我们无法预知的风险。每一场风险的应对都是我们与他人的一场斗争，在这种博弈中，有人扮演着因纽特人，有人扮演着冰原上的狼。

譬如有一则广告上说：你汇款 10 元，就能得到赚 1000 元的最佳方法。一位读者按地址汇去了钱，他得到一封回信，信中只有一句话：找 100 个像你这样的人。

再如，一位民工模样的人在街上拦住你，说他挖到了古物而无法出手，以低廉的价格卖给你，你一倒手就能赚多少，等等。你心中暗喜，以为发财的希望就在眼前。他既然能挖到古物，想必他的文物知识比你丰富多了，他无法高价出手，你就能吗？

还有时，有人拿着花花绿绿的外币在银行门口等着你，说急需用钱，便宜些，同你换些人民币——你都不知道那些钱是哪个国家的货币，他能换进来，就换不出去吗，非得找你？

有人就出了关于如何买彩票中大奖的书——买彩票完全是赌运气，作者要是发现了规律，还舍得教你？他买彩票拿大奖不比写书容易？这种例子真是举不胜举。

为什么在与这些“因纽特人”的斗争中，我们总会成为那只愚蠢而可怜的狼？其实，他们的智商不见得有多高，手法没有多先进，但他们都是人性弱点的专家和好演员，他们抓住了那种尝到一点“甜头”就丧失风险意识的人性弱点。

因此，在与这些“因纽特人”斗争时，我们无论如何不能失去“痛觉”，像狼一样被“血腥味”刺激得有进无退。因为，诱惑最大的时候，就是风险最大的时候，对于这种诱惑我们要时刻保持警惕，否则，受伤害的只有自己。

勇敢面对人生的问号

1968年，在墨西哥奥运会百米赛道上，美国选手吉·海因斯撞线后，转过身子看运动场上的记分牌，当指示灯出现9.95的字样后，海因斯摊开双手自言自语地说了一句话，这一情景后来通过电视网络，全世界至少有几亿人看到，但当时他身边没有话筒，海因斯到底说了什么，谁都不知道。直到1984年洛杉矶奥运会前夕，一名叫戴维·帕尔的记者在办公室回放奥运会资料时突发好奇心，他找到海因斯询问此事时这句话才被破译出来。原来，自欧文创造了10.3秒的成绩后，医学界断言，人类肌肉纤维承载的运动极限不会超过10秒，所以当海因斯看到自己9.95秒的记录之后，自己都有些惊呆了，原来10秒这个门不是紧锁的，它虚掩着，就像终点上那根横着的绳子。于是兴奋的海因斯情不自禁地说："天啊！那扇门原来是虚掩着的。"

我们知道，不恐惧不等于有勇气；勇气使你尽管害怕、尽管痛苦，但还是继续向前走。在这个世界上，只要你真实地付出，就会发现许多门都是虚掩的！爱因斯坦说："勇气是上天的羽翼，怯懦却引人下地狱。"让我们心中永远鼓荡着腾飞的勇气，绝不选择生命重心的堕落！勇气，就是帮助你破解人生问号的最佳伙伴。

因此，每个男孩都应该有血气和胆量去面对人生中的问号，还要有坚强的自信心，肯勇往直前。这样，那些人生中的问号迟早会被你破解掉。

勇气：阳光一般的力量

勇气是产生于人的意识深处的对自我力量的确信，是对自我能力能压倒一切的信念，是相信自己可以面对一切紧急状况，处理一切障碍，并能控制任何局面的信心，是穿越重重险阻，历经磨难走向成功的意志。勇气，是一种阳光般的力量，源自于自我潜意识深处的积极暗示。

巴顿将军说过："要无畏、无畏、无畏。记住，从现在起直至胜利或牺牲，我们要永远无畏。"要获得成功少不了胆量，也少不了勇气。一个永不丧失勇气的人是永远不会被打败的，因为他坚信风雨过后就是阳光。

在现实生活中，许多事情都需要勇气做支撑。放弃需要勇气，拒绝需要勇气，尝试需要勇气，冒险需要勇气……甚至连说话都需要勇气。一个人如果缺乏勇气，就失去了承担责任的基础，就只能生存于他人的庇护之下，无法面对人生的任何压力和挑战。

一位父亲很为他的小孩苦恼，都已经十五六岁了，一点男子气概都没有。他去拜访一位禅师，请求这位禅师帮他训练他的小孩。

禅师说："你把小孩留在我这里3个月，在这3个月不允许你来看他。3个月后，我一定可以把你的小孩训练成一个真正的男人。"

3个月后，小孩的父亲来接回小孩。

禅师安排了一场武术比赛来向父亲展示这3个月的训练成果。被安排与小孩对打的是教练。教练一出手，这小孩便应声倒地。但是小孩刚倒地，便立刻又站起来接受挑战。倒下去又站起来……如此来来回回总共16次。

禅师问父亲："你觉得你小孩的表现够不够男子气概?""我简直羞愧死了，想不到我送他来这里受训3个月，我所看到的结果是他这么不经打，被人一打就倒。"父亲回答。禅师说："我很遗憾你只看到表面的胜负，你没有看到你的儿子那种倒下去立刻站起来的勇气及毅力，那才是真正的男子气概!"

勇气是一种敢于面对现实，不怕困难，勇于进取，积极争取胜利的优秀品质。

勇气是一种战胜恐惧的有力武器，是克服害怕失败、害怕丢脸等恐惧心理最有力的武器。

勇气还可以教人在遇到挫折时，不要畏惧，不要回避，勇敢面对，去接受一切挑战，战胜困难，赢得成功。只要勇敢地去行动、去尝试，总会有一些收获，要么收获成功，要么收获经验。

那些获得成功的人，如果当初在一次次人生的挑战面前，因恐惧失败而退却，放弃尝试的机会，则不可能有所谓成功的降临。没有勇敢的尝试，就无从得知事物的深刻内涵，而勇敢地去做了，即使失败，也能获得宝贵的经验，从而在命运的挣扎中，愈发坚强，愈发有力，愈接近成功。

暂时成功之后接着是更大的失败！只有勇敢地走过失败，才能走向真正辉煌的成功。

不甘平凡，勇敢地挑战自我、挑战潜能，下定决心就马上去做。你可能面对不同的局面，但必须要时刻记住：要为梦想去奋斗。你有信心获得成功，你就能成功，因为，你体内有一股巨大的潜能。你勇敢，困难便退却；你懦弱，困难就变本加厉地欺负你。你勇敢，就可能成功；你懦弱，则肯定会失败。

无论人生走到哪一种境地，只要你还有勇气向成功挑战，你就还没有失败。所有失败，都是你创造财富的宝贵经验，是人生的一大资本。勇气是成功的保证，它激励着一颗渴望成功的心，只要勇气长存，一定能取得成功。

敢于做第一个吃螃蟹的人

相传在几千年前，在江湖河泊里有一种双螯八足、形状凶恶的甲壳虫。这种虫子不仅偷吃稻谷，还会用螯伤人，故称之为“夹人虫”。后来，大禹到江南治水，派壮士巴解督工，很多工人都遭受夹人虫的侵扰，严重妨碍着工程的进度。巴解想出一个办法，在城边掘条围沟，把围沟里灌进沸水。夹人虫过来时就此纷纷跌入沟里烫死了。

烫死的夹人虫浑身通红，散发出一股诱人的香味。巴解好奇地把甲壳掰开来，一闻香味更浓。便大着胆子咬一口，谁知味道鲜美，自己竟然从来没有吃过这么美味的东西，于是本来令人畏惧的害虫一下成了家喻户晓的美食。害虫被端上了餐桌，既减轻了虫害，又吃到了美食。

大家为了感激敢为天下先的巴解，用他名字里的“解”字下面加个“虫”字，称夹人虫为“蟹”，意思是巴解征服夹人虫，是天下第一食蟹人。

鲁迅先生曾称赞：“第一次吃螃蟹的人是很可佩服的，不是勇士谁敢去吃它呢?”但是日常生活中的大多数人不喜欢尝试和冒险，缺乏创新精神，没有工作热忱，对待工作常常是得过且过的态度。他们不愿意承认已经改变的事实，也不愿意为自己创造机会，却时常哀叹时运不济，造化弄人。其实，一个人能否取得大成就很大程度上取决于他是否敢于尝试，敢于冒险。

要想使自己成功，就要勇敢尝试，做一些别人没有做过的事情。为什么很多人不能成功?就是因为他们总是不敢进行新的尝试，一边苦恼糟糕的现状，一边害怕尝试带来的危险。别人没有做过的事就是一种机遇和挑战，不要以为他人没有做过的事就不值得去尝试，尝试可能会遇到危险，但是不去尝试就一定不会成功。有些时候，不是你没有能力去做，而是你不相信自己可以做到。

这个世界上，没有什么不可能。无论是什么时代，没有敢于承担风险、敢于冒险的胆略和气魄，都成不了大气候，只有大胆开拓，男孩才会有更广阔的发展空间。众所周知，一棵大树只有长得足够高，它才能拥有更广阔的视野；同样，生活中，只有大胆开拓，才能登上更大的舞台。

勇气的一半是智慧

一座小茅屋里住着猫、公鸡和一个机智勇敢的孩子丹尼。

有一天，猫和公鸡出去寻找食物，丹尼留在家里准备午饭，烧煮食物，收拾餐桌，分配汤勺。他一边干活，一边不停地说着：

“这是把普通的勺子，给猫咪；这也是把普通的勺子，给喔喔鸡；而这把不是普通的勺子，亮晶晶的，把手还是金色的，谁也不能给，只能给丹尼。”

当狐狸得知小茅屋里只剩下丹尼在搞家务时，它真想吃掉丹尼。

“笃笃笃”，狐狸敲起了丹尼家的门，并装出一副友善的腔调问道：“小丹尼在家吗?”

听出是狐狸的声音小丹尼吓坏了，他从凳子上跳起来，金色的汤勺掉落在地上，他顾不上拾起来，就躲到了炉台底下。

狐狸进了茅屋东看看，西瞅瞅，就是找不到丹尼，心里打起了鬼算盘。

别忙，他一定是藏起来了。藏在哪里？我要他自己说出来！

狐狸走到了餐桌前，翻动汤勺，嘴里念着：

“这是把普通的勺子，给猫咪；这也是把普通的勺子，给喔喔鸡；而这把不是普通的勺子，亮晶晶的，把手还是金色的，就该我用！”

丹尼在炉台下大声喊起来：“嗳，嗳，嗳，别动那把勺子，好狐狸，我谁都不给！”

“那么，你在哪儿呢，丹尼？”

狐狸走向炉台，一把抓住丹尼，往森林里拖去。

狐狸回到家里，把炉子烧旺，想把丹尼烧熟了吃。狐狸找来一把铲子，对丹尼说：“请坐上去，勇敢的丹尼。”

丹尼年纪虽小，但很勇敢，他张开了两手和两脚一屁股坐下了。狐狸手持铲子，却伸不进炉口。他批评丹尼：“不是这样坐的！”

丹尼立即翻了一个身，用后脑勺对着炉子，手脚仍张得大大的——铲子依然进不了炉子。

“唉，你怎么搞的？”狐狸说。

“那么，亲爱的狐狸，请你做个示范吧！”

“你真是个笨蛋！”狐狸说着把丹尼从铲子上拉了下来，自己跳了上去收拢屁股与尾巴，蜷成一团。丹尼立即把狐狸扔进了炉子，合上炉门，一转身逃出小屋回了家。

家里，猫和公鸡都在大声地哭喊着：“亮晶晶的勺子不见了，我们勇敢的小丹尼也不见了……”猫不停地用爪子擦着泪，公鸡则用翅膀擦泪水。

突然，台阶上“扑、扑、扑”一阵响，丹尼回来了，他大声喊：“我回来了，狐狸在炉子里被我烧死了！”

勇气的一半是智慧。真正的勇敢是要用冷静的头脑和智慧去解决眼前的问题，而不是一遇到危险就乱了阵脚，没有了办法。

在我们的成长过程中，总有一种神秘的力量在推动着我们追求更高的理想，这种力量就是我们的进取心。进取心是一个人向上的动力，人生在世就应当努力进取，只有这样，生命的价值才能够不断地升华。进取心代表了一个人的发展方向和他所能达到的人生高度。人一旦养成一种不断自我激励、始终向着更高目标前进的习惯，进取心就会成为一种强大的自我激励力量，使我们的人生变得更加崇高。

第五章 全力以赴——让男孩由平凡变身非凡

做完美的 “偏执狂”

“偏执狂”对于工作和生活的原则是：任何事情都要追求完美、精益求精。

每个人内心深处都在追求、渴望成功和快乐，都在逃避、拒绝失败和创伤，没有人希望自己是人群中可有可无的小角色，谁都想通过自己的努力，成为才华横溢、受人景仰的人。然而，要想受人敬仰并不是一件轻而易举的事，它要求你从追求完美开始。

有一天，一位罗丹的崇拜者去拜访罗丹，罗丹热情地接待了他，并带他参观了自己的工作室。

工作室很简朴，里面有大大小小的雕像。罗丹走到一座女神像前，对崇拜者说：“这是我近期的作品。”

“非常完美！”崇拜者赞叹道。罗丹却毫无反应，只见他皱着眉头，根本没有听到的样子。“肩部的线条粗了一些。”罗丹自言自语地说，一边说一边拿起刮刀和木刀片轻轻地修改起来，动作非常谨慎，好像他手下是一个有生命的神女，稍有不慎就可能让她受伤似的。过了好长时间，罗丹又歪着头审视，“还有这儿……这儿……”他一面自言自语，一面不停地修改，表情像一个孩子，一会儿舒心地笑，一会儿又眉头紧锁。时间慢慢过去了，崇拜者已经站得腰酸背痛了，可他没地方坐，也不好意思一个人坐下来。

两个多小时后，罗丹终于舒了一口气，满意地把杰作欣赏一番，然后盖上湿布，愉快地向门口走去。这时，他发现了他的崇拜者，先是一愣，然后猛想起是自己带他进来的，立即显得很抱歉，一个劲地说“对不起”。

这件事对那位崇拜者触动很大，他只是站着，什么也没有做，尚且感觉累得受不了，而罗丹站着工作了两个多小时，却丝毫没有倦意。

罗丹之所以感觉不到疲惫，是因为追求完美的工作态度在支撑着他。追求完美是一种观念、一种心态，也是一种作为。事实上，每个人都具备追求完美的条件，只要你愿意追求完美，并且愿意为此付诸行动。

马艳丽就是一个追求完美的女人。1995年，在朋友的邀请下，马艳丽来到了高尔夫球场。她平生第一次挥动高尔夫球杆，球杆上挂着的风声还没有散去，球已经应声飞向了天空。居然是250码！

身边的朋友开玩笑劝她改行，认为她先天资质不错，再努把力就可以在高尔夫球界叱咤风云了！这一挥杆也给了马艳丽兴趣，“高尔夫给人的感受很沉稳，蛮吸引我的，它里面有一种弹性美，会让人平静。”马艳丽在打高尔夫球这件事情上，显得有些矛盾，一方面觉得高尔夫很吸引她；另一方面，因忙于家庭和工作，打高尔夫的时间少之又少，至今她对自己的成绩仍不满意。她笑称相对于接触得比较早的骑马、滑雪等运动，高尔夫还只能算个“小弟弟”级的运动。

现在马艳丽的成绩在90～100杆左右，可是在问到她的成绩时，她却表现出羞于启齿的样子，“成绩太差了，我都不好意思说。”她说这是没有太多时间练习的结果，但她会请个教练，把球练好。“我打算要很快地把成绩提高到80杆左右，彻底摆脱热爱却已经生疏的打球状况，况且我有制胜的三大法宝：喜欢宽阔、不怕热、能吃苦。”

以前曾做过多年运动员，吃苦是家常便饭，现在提高球技的这点小苦，对马艳丽来说更是小问题。

聊天的时候，一个朋友坐在旁边，邀请马艳丽到国外去打球，马艳丽迟疑了一下，还是拒绝了，她说人不能把自己不当回事儿，还是练一段时间后再说吧。她的潜台词很明显，要么不去，要去就得像个样子，首先得过了自己严格要求自己这一关。

“你不怕晒黑了吗?”

“要投入地做一件事情，总要有付出的，只要是自己心甘情愿的就好!”

“你对高尔夫球装备要求高吗?”

“事实上，我非常追求完美，或许这跟我的职业有关系。现在我的高尔夫球技术还很差，但是一旦投入，我会很专注，这样自己看了也会挺享受的……”马艳丽总渴望追求完美，因此也会给自己许多压力，她希望展现给人的总是一副健康积极的样子。

要想从平庸迈向完美，必须养成事事追求完美的习惯。无论做什么事情，我们都应该尽心尽力、一丝不苟，因为究竟什么才是事关真正的大局，什么才是最重要的，这一点其实我们并不清楚。也许，在我们眼里微不足道的细节，实际上却可能生死攸关。

要想让自己从平庸走向完美，我们还必须把生活中的磨炼视为一种锻炼。工作总有不称心的时候，没有丝毫困难就完成的工作几乎不存在。如果你视困难为磨难，你很可能就会失去斗志；而如果你视其为一种锻炼的机会，你的心态就会平和下来，甚至可以从中找到无穷的乐趣。

为目标倾注狂烈的热情

有人说：梦想其实就像一堆煤山，热情就是火种，用热情去拥抱梦想，就会使勤奋者所有的努力发挥更大效用，释放出巨大的能量。热情是一种难能可贵的品质。正如成功学大师拿破仑·希尔所说：“要想获得这个世界上的最大奖赏，你必须拥有过去最伟大的开拓者所拥有的将梦想全部转化为价值的献身热情，以此来发展和销售自己的才能。”

热情不仅是一种非常珍贵的工作品质，还是我们生活快乐幸福的源泉。

拥有热情的人热爱生活，对生活充满激情，他们把爱倾注在生命中，灵魂的高度就逾越了一切障碍，只要勤奋开拓，什么样的高度都会踩在脚下！

无论发生任何事情，对于使自己痛苦的问题，不要过多地思考，不要让它再占据你的心灵，而要尽力想着最快乐的事情。要努力以快乐的情绪去感染你周围的人。这样做以后，思想上黑暗的影子，将离你远去，而快乐的阳光将照耀你一生。

迪士尼——米老鼠的创造者，便是一个用热情铸就成功的人。

年轻时的迪士尼就梦想着制造一个动画王国。他以极大的热情投入到工作当中去。为了了解动物的习性，他每周都亲自到动物园去研究动物的动作及叫声。他所制作的动画片中，很多动物的叫声都是他亲自配的音，包括那位可爱的米老鼠。

他曾想将儿童时期母亲所念过的童话故事改编成彩色电影，那就是三只小猪与野狼的故事。

但是他的助手们都摇头不赞成，结果只好取消。但是迪士尼却一直无法忘怀，屡次提出这构想都一再地被否决掉。终于，因为他坚持不懈的劝说和其中展现出的无比热情感动了大家，大家才答应姑且一试，但是对此并不抱任何希望。然而，所有的工作人员都没有料到，该片竟受到美国人民的热烈欢迎。

《三只小猪》获得了空前的成功，风靡全美国。

正是因为热情，迪士尼在一次次的反对之后仍不放弃，用自己的精神感染了别人，为自己建造了一个动画乐园。对于我们来说，工作是上天赋予的使命，把自己喜欢的并且乐在其中的事情当成使命来做，就能发掘出自己特有的能力。其中最重要的是能保持一种积极的心态，即使是辛苦枯燥的工作，也能从中感受到价值，在你完成使命的同时，会发现成功之芽正在萌发。

热情会把我们全身的每一个细胞都激活起来，完成心中渴望的事情。热情是一种强劲的情绪，一种对人、对事物和信仰的强烈情感。热情甚至可以改变历史，多少伟大的爱情故事、多少历史的巨大变革无不与热情息息相关。

如果我们能以满腔的热情去做最平凡的工作，也能成为最精巧的艺术家；如果以冷淡的态度去做最不平凡的工作，也绝不可能成为艺术家。

热情是发自内心的兴奋，并扩充到整个身体，从一定程度上来说，热情控制着你的思维和情感。在希腊语中，热情是由“内”和“神”组成的，所以“热情”就是内心深处的神。在卡耐基的办公桌上摆着一句话：没有了热情，就会伤及灵魂。

一旦缺乏热情，军队将无法克敌制胜；艺术品也将失去核心和灵魂；震撼人心的音乐也不会出现；也不可能有无私的奉献精神来拯救和美化这个世界。热情是唤起内心深处神奇力量的魔笛，让人散发出一种炽热、神性的光辉，那就是吸引人和感染人的魅力。

热情的人具有强大的人格魅力，因为他会很自然地把他内心的感情表现出来。一个充满热情的人，他的志向、兴趣、为人和性情都能从他的走姿、眼神和活力中看出来。与此同时，热情会让人觉得和你在一起很快乐。而缺乏热情的人，他们谈话生硬而没有趣味，做起事来拖沓而没有规划，让人看不到希望。热情可以鼓舞人心，这鼓舞类似于“热传递”，直接把你的热情输送给别人，这比任何商讨、说服、威吓或责骂都要奏效得多。

不怕万人阻挡，因为自己绝不会投降

那些年轻的成功者，他们的字典里没有“不可能”，同样也没有“投降”，不向他人投降，更不会向自己投降。

丁玲说过：“只要有一种信念，有所追求，什么艰苦都能忍受，什么环境也都能适应。”这种信念就是坚持到底，执着追求自己的理想。如果世界上只有一种人可以获得成功，那一定就是这样的人。

水来土掩、兵来将挡，没有什么能够阻挡成功者对理想的向往。成功者之所以成为成功者，正是因为有“不怕”、“不投降”的气度和魄力。而那些平凡的人在最初的意气风发中，渐渐走向生活的围城，失去追求理想的勇气。许多人做事都是半途而废，总是不能坚持到最后。似乎他们都有着这样的通病，就是凭一时冲动想干什么就立即去干，可热度还未持续多久，遇到外部因素的阻挡，就说什么也不干了。这是一个极其严重的毛病，它令人失去定性，凡事轻率鲁莽，没有耐力，最后只能导致疲惫与倦怠，所以总是在生活中苍老得太快，到头来只有空悲切：“为什么成功者总是越活越激扬？”

其实，他们没有必要羡慕成功者的风光，只需要知道成功者信奉的人生哲理：逆风的方向，更适合飞翔。一个人无论面对怎样的环境，面对再多的阻挡，都不能放弃自己的信念，放弃对生活的热爱。很多时候，打败自己的不是外部环境，而是你自己。那些获得辉煌成就、幸福人生的人并非没有遇到艰难险阻，而是因为他们从来不会投降。

苏格拉夫顿女士是美国著名的侦探小说作家，她曾讲述自己的成名之路。

“如果25年前就有人告诉你，你将得到你想得到的一切，但是你必须等到25年后，你那时做何感想？而眼前的路你该如何走下去？”

1915年，苏格拉夫顿带着成为一位名作家的梦想来到了纽约，但纽约给她的第一份礼物就是失败。她寄出去的文章都被退回。但她没有投降，仍怀着梦想不停地写作，走遍了纽约的大街小巷，奔波于各个杂志社、出版社之间。当希望还是很渺茫的时候，她没有说："我投降，算你赢了。"而是说："很好，纽约，你可能打倒不少人，但是，绝不会是我，我会逼你投降。"她没有像别人那样，碰到一次退稿就放弃了，因为她决心要赢。4 年之后，她终于有一篇文章刊登在周六的晚报上，之前该报已经退了她 36 次稿。

随后，她得到的回报更是一发而不可收拾。出版商开始络绎不绝地出入她的大门。再后来是拍电影的人发现了她。她的小说在改编后被搬上了屏幕，从此富裕起来。

成功的往往是那些把自己逼上一根轨道的人，他们别无选择，只有执着地往前走！而走向平庸的人则往往是因为无法在繁重和琐碎中继续坚持，以至于"蜻蜓点水"，凡事都流于肤浅。

当你决心要做一件事的时候，可能周围的人都在嘲笑你、阻拦你，因为功成名就是如此的令人嫉妒，它太耀眼，所有人都不愿意看到别人成功，因为他们自己是平庸之辈，所以希望你和他们一样平庸。如果这个时候你自己也怀疑自己、打退堂鼓，岂不是正中他人心愿。记住，人最大的敌人是自己，哪怕千万人阻挡，只要自己不投降，就有希望成为成功者。

全心投入生命战场

人生是一场战争，从人呱呱坠地开始，没有硝烟的战争便开始了。和疾病作战，为生存而战，为自己而战，为家人而战，各种各样的战争充满了我们的生命旅程。

战争是国家大事，人民的生死、国家的存亡都受到战争的影响，因此不能不慎重地考察。提到战争，我们会把它和暴力、毁灭、恐怖等可怕的词语联系在一起。战争带给人类的伤害比自然灾害和疾病还要大，因为它不仅夺走了生命，还让人类相互猜忌、分离、仇恨、残杀。

事实上，战争本身只是一种手段，没有所谓的好与坏。关键在于战争背后的人是怀着怎样的目的去交战。这就如同人生一样，人生就是一个过程，不在乎长短，也没有善恶，关键在于我们怎样去经历。历史上的众多战役，有的代表正义，例如武王伐纣；有的代表邪恶，就像法西斯侵略。人生也被划分成两类：成功和失败。

在美国新泽西州的一所小学，26 个失足少年组成了一个特殊的班级，他们中有的吸过毒，有的偷过窃，家长和老师都对他们非常失望。当很多人都想远离这群孩子的时候，一位叫菲拉的女教师主动要求负责这个班。在第一节课上，菲拉在黑板上给出了一道选择题，让学生们通过判断选出一位长大最有可能造福于人类的人。这三个选项是：第一个迷信巫医，生活很不检点，抽烟嗜酒如命；第二个曾两次被赶出办公室，每天睡到中午才起床，每晚都要喝大约一千克的白酒，而且曾经吸食鸦片；第三个曾是国家的战斗英雄，一直保持素食习惯，从不吸烟酗酒，年轻时遵纪守法。

孩子们都选择了第三个。菲拉揭晓了答案，第一个是富兰克林·罗斯福，担任过四届美国总统；第二个是温斯顿·丘吉尔，英国历史上最著名的首相；被大家看好的第三位是阿道夫·希特勒，法西斯战争的罪魁祸首。

看到答案，所有的同学都惊呆了，这件事情完全改变了孩子们对自己的态度，并且这些孩子的命运从此改变。

孩子们认为一个人小的时候如果学习不好、经常干坏事，长大了就一定成不了英雄；相反，如果一个人小的时候学习又好、又得到大家的拥护，大了也一样能成功。然而这正是孩子们认识上的误区。对孩子们来说，人生的战争才刚刚开始，曾经取得的荣誉和犯过的错误都已经属于过去。怎样赢得未来，赢得人生的主要战役，才是我们应该学习和思考的。人类的进步史也是一场宏大的战争，在与瘟疫的斗争中，人类研究出青霉素和各种疫苗来巩固自己，把天花病毒“囚禁”在实验室。我们不仅要和疾病斗争，还面临着与贫穷、饥饿、愚昧等的挑战。人生的战争是这巨大的战场中的一小部分，赢得每一场小的战斗都是人类文明的进步。人生就像一场战争，而且是持久的战争。一个人从小到大，需要经历众多的考验和筛选，就像是要迎接一系列大大小小的战争一样，奔赴战场的有时候是一个团队、一群朋友，但更多的时候是单身一人。

人生这场战争没有硝烟，自己是自己的将军，自己是自己的小兵。从出谋划策到冲锋陷阵，都由一个人承担。战争的胜负也由自己的战略战术、气势和实力决定。如果把人生当中的困难和失败比作大大小小的战役，那么其中就有两万五千里长征、火烧赤壁、有诺曼底登陆、滑铁卢，也有卧薪尝胆、破釜沉舟、弹尽粮绝、四面楚歌……

我们都希望自己能赢得人生中的每一次战争，但是决定战争成败的天时、地利、人和却不是每一个人都能遇到的。胜利和失败都是成长路上的必需品，也是成长过程中的必然。虽然成败未知，但是很多战役，我们都应该奋力迎接。为了减少自己的损失赢得成功，我们应积极筹备，正视自己的过去，学习赢得人生的智慧和方式。

在人生这场战争里，我们每个人都是自己的指挥官，这场战争的胜负不把握在上帝或是敌人的手中，主动权就在你自己的手中。把人生看作一场战争，全身心地投入这场战斗，为荣誉而战，为尊严而战，为自己而战。

聚焦专注， 让你如虎添翼

什么能让你如虎添翼，越来越接近成功呢？

拿破仑·希尔的回答只有两个字：“专注。”

所谓“专注”就是把意识集中在某个特定的欲望上的行为，并要一直集中到已经找出实现这个欲望的方法，而且成功地将之付诸实际行动为止。

事业上成功的人，大多把全部身心投入到事业中。由于注意力高度集中，他们对周围的一切几乎都顾及不上，由此做出了不少令常人惊讶的事情。

1. 史蒂芬·史匹柏的电影梦

史蒂芬·史匹柏在 36 岁时就成为世界上最杰出的制片人，电影史十大卖座的影片中，他个人囊括 4 部。如此年轻就取得此等成就，他是如何做到的呢？他的故事实在耐人寻味。

史匹柏在十二三岁时坚定地认为有一天他要成为电影导演。事实上在以后的岁月里，他都一直专注于这个目标，从未放弃，直到成功。在他 17 岁那年的某天下午，当他参观环球制片厂后，他的一生改变了。那可不是一次不了了之的参观活动，在他得窥全貌之后，当场他就决定要怎么做。他先偷偷摸摸地观看了一场实际电影的拍摄，再与剪辑部的经理长谈了一个小时，然后结束了参观。

对许多人而言，故事就到此为止，但史匹柏可不一样，他有个性、有思维，他知道他要什么。从那次参观中，他知道得改变做法。

于是第二天，他穿了套西装，提起他老爸的公文包，里头塞了一块三明治，再次来到摄影现场，装作他是那里的工作人员。当天他故意避开大门守卫，找到一辆废弃的手拖车，用一块塑胶字母，在车门上拼成“史蒂芬·史匹柏”、“导演”等字。然后他利用整个夏天去认识各位导演、编剧、剪辑，终日流连于他梦寐以求的世界里。从与别人的专注交谈中学习、观察并发展出越来越多关于电影制作的灵感来。

终于在 20 岁那年，他成为正式的电影工作者。他在环球制片厂放映了一部他拍得不错的片子，因而签订了一纸 7 年的合同，导演了一部电视连续剧。他的梦想终于实现了。

2. 史达温斯基的音符

30 年前，有一次，杰出的演技派电影明星达斯丁·霍夫曼为《毕业生》那部电影做宣传，碰巧与音乐大师史达温斯基在同一处接受访问。主持人问起史达温斯基，何时是他一生当中最感到骄傲的时刻，是一新曲的首度公演，还是功成名就、掌声四起？史达温斯基都一一否认，最后，他说："我坐在这里已经好几个小时了，这之间，我一直不断地在为我新曲中的一个音符绞尽脑汁，到底是'1'比较好，还是'3'比较好？当我众里寻她千百度，最后蓦然发现那一个音符的一刹那，是我人生中最快乐、最骄傲的时刻!"霍夫曼说，他被大师那种心无旁骛的专注精神感动得当场哭了起来。

3. 爱迪生交税

有一次，爱迪生去交税，他站在队伍的后面缓慢地向纳税窗口移动。就是在这个时间里，爱迪生仍然没有忘记他刚才思考的有关发明的问题，轮到他缴纳税款了，当税务人员向他问话时，他竟然一下子变得目瞪口呆起来，以至于税务人员问他姓甚名谁时，他都不知该做何回答。等他将记忆从思想的海洋里拉到眼前的事情上时，才想起自己的名字是爱迪生，但这时，税务人员已经在给他后面的人办理业务了，而他只能重新排到队伍后面去，再次回来缴纳税款。

4. 牛顿的鸡蛋和马

大物理学家牛顿经常感慨地说："心无二用，心无二用!"有一次，给他做饭的老太太有事要出去，告诉牛顿鸡蛋放在桌子上，要他自己煮鸡蛋吃。过了一会儿，老太太回来了，掀开锅盖一看，大吃一惊：锅里竟然有一只怀表！原来，这块怀表刚才放在鸡蛋旁边，而牛顿因为忙于运算，错把怀表当鸡蛋煮了。又有一次，牛顿牵着马上山，走着走着，突然想起了研究中的某个问题，他专注地思考着，不由得松开手，放掉了马的缰绳，马跑了，他却全然不知。直到走上山顶，前面没了路时，牛顿才从沉思中清醒过来，发现手中牵着的马跑了。

5. 安培先生的"闭门羹"

物理学家安培研究物理着了迷。为了免受俗人打搅，便在自家门上挂了一块牌子，上写"安培先生不在家"。一次，他边走边思考一个物理问题，走到家门口，抬头看见了门上挂的牌子，惊讶地说："原来安培先生不在家？"扭头就走了，很晚很晚，家人才在街上找到游荡的安培先生。

如同伟大的人物心无旁骛、专注地寻找一个目标，确定并专注最适合自己的发展方向，哪会不成功？

孟子说："精力集中在一点上能成就万事，志向确定在一件事情上，并全心全力投入进去，不避险阻，不辞艰苦，不计患难，不计得失，不计生死，这样就是前面有移山倒海的大困难，也能妥善解决。"又说："以精深的学识，以坚定的恒心，运用精进的力量，还有什么做不成的事情呢？还有什么难以造就的事业呢？"

獐能跑得很快，马也追不上，它之所以常常被猎人捕获，只因它时时分心，回头张望。冬夏两季不能同时形成，野草和庄稼不能一同长大，果实繁多的树林长得低矮，思想不专一的人难以成就事业，这都是自然的规律。

你可以长时间卖力工作，聪明睿智，才华横溢，屡有洞见，甚至好运连连，可是，如果你无法专注地做事情，不知道自己的方向是什么，一切都会徒劳无功。

男孩做事应该培养自己专注的能力，不能三心二意，因为学习因集中在一点上而精！

锤炼认真的做事风格

生活中有许多不经意的却又值得去注意的一些细节，这就需要我们锤炼一种认真做事的风格。因为，认真可以避免失误，可以减少损失，可以促进发展。

提起鲁班，很多人都知道。他是我国春秋战国时代的鲁国人。鲁班生于公元前507年。他一家世世代代都是手工工匠，鲁班本人则是一个手艺高强的工艺巧匠，杰出的创造发明家。今天，木工师傅们用的锯、钻、刨子、铲子、曲尺、画线用的墨斗等，传说都是鲁班发明的。而每一件工具的发明，都是鲁班在生产实践中经过反复试验、刻苦钻研而研究出来的。

鲁班发明锯的过程就很有代表性。有一次，鲁国的国王命令鲁班在15天内伐300棵树做梁柱，用来修一座大宫殿。于是，鲁班带着徒弟们上山了。他们每天都起早贪黑地干，可是大家轮着斧头一连砍了10天，个个都累得筋疲力尽，也只是砍了一百来棵大树。这时，砖瓦石料都已经备齐了，国王选定动工的黄道吉日也快到期了。如果到时木料还没有准备好，就要被处以死刑。怎么办呢？晚上睡觉的时候，鲁班躺在床上翻来覆去地睡不着。他爬起身来，深一脚浅一脚地向山上走去。

走着走着，鲁班来到了一个陡坡前，他要翻上这个陡坡就只能用手抓着上面的野草爬上去。就在他向上爬的时候，忽然觉得手被什么东西划了一下，等他来到坡上一看，长满老茧的手居然被划出一道口子，还渗出了血珠。他在周围仔细观察了一番，发现自己的手竟然是被一种野草划的。鲁班很惊奇，他摘了一片草叶，发现草叶边缘长着许多锋利的细齿。这时他又看见一只大蝗虫正张着两个大板牙，很快地吃着草叶。鲁班捉了只蝗虫一看，它的板牙上也有利齿。看看野草的叶子，再看看蝗虫，鲁班的心里豁然开朗。

他用毛竹做了一条竹片，上面刻了很多的锯齿。用它去拉树，只几下，树皮就破了，再一用力，树干就出现一条深沟。可是时间一长，竹片上的锯齿钝了。什么东西比竹片更坚硬呢？鲁班想起了铁。他请铁匠照着自己做的竹片，打了带锯齿的铁条，用它去拉树，真是快极了！这根铁条，就是锯的祖先。有了它，鲁班和徒弟们只用了13天，就伐了300棵树。

试想，如果鲁班没有那种认真的态度，那他也不可能成功。鲁迅曾经说过：“即使天才，在生下来的时候的第一声啼哭，也和平常的儿童一样，绝不会是一首好诗。”也就是说任何人在一开始的时候都是平等的，之所以有的人走向了成功，而有的人平庸一生，原因就 4 个字“认真、专注”。

男孩学习和生活中由于阅历有限，缺乏认真的习惯，经常马虎大意，那么如何改掉粗心大意的毛病，培养认真的习惯呢？

1. 排除干扰，稳定情绪

每个人的心理能量都是有限的，如果过多杂务干扰，心绪烦乱，情绪不稳，我们就容易涣散注意力，就很难做到全神贯注。要真正做到细心谨慎，必然要处理好自身的各种心理困惑，保持一颗平静的心，正所谓“宁静而致远”。

2. 赋予自己责任，切实用心

任何事情，都是事在人为。同样一件事，能够敢负责任，就可能成就事业，如果毫不在乎，不当回事，就可能竹篮打水一场空。只要能够负起责任，油然而生一种神圣的责任感和使命感，就有可能激发我们全部的智慧，调动我们无穷的潜力。因此从这个意义上说，细心很大程度上依赖于责任心。

3. 培养兴趣

我们深知，一旦自己对于某事有了浓厚兴趣，常能乐此不疲，流连忘返，也就能够精心钻研、细心考量。如果缺乏兴趣，就容易心猿意马、朝三暮四，难以做到持久的静心、细心，更不可能保持足够的耐心。我们理应认识到自身优势，做自己想做又能做的事情，然后将潜力发挥到极致，才能真正维持住持久的细心。

4. 先要集中精力，重视眼前

把注意力集中在我们的现实世界中，不要太多追悔过去，不要沉溺冥想未来，而应全力以赴把握眼前，重视当下的学习和生活。

进取心是不竭的动力

一块有磁性的金属，可以吸起比它重 1 倍的重物，但是如果你除去这块金属的磁性，它甚至连轻如羽毛的东西都吸不起来。同样，人也有两类：一类是有磁性的人，他们充满了信心和信仰，他们知道自己天生就是胜利者、成功者。另外一类人，是没有磁性的人，他们充满了畏惧和怀疑。机会来时，他们却说："我可能会失败；我可能会失去我的钱；人们会耻笑我。"这一类人在生活中不可能会有成就，因为他们害怕前进，只能停留在原地。

许多人习惯于在原地不动而没有方向，他们对任何刺激都毫无反应。

那么，推动人们向着既定目标努力的巨大推动力从何而来呢？进取心又源于哪里？事实上，激励我们前进的，是我们生命中的一种最有趣而又最神秘的力量。它存在于我们每个人的生命中，就像我们自我保护的本能一样。

一位雕塑家有一个12岁的儿子。儿子要父亲给他做几件玩具，雕塑家只是慈祥地笑笑，说："你自己不能动手试试吗？"

为了制作自己的玩具，孩子开始注意父亲的工作，常常站在父亲旁边观看父亲运用各种工具，然后模仿着运用于玩具制作。父亲也从来不向他讲解什么，放任自流。

一年后，孩子好像初步掌握了一些制作方法，玩具造得颇像个样子。这样，父亲偶尔会指点一二。但孩子脾气倔，从来不将父亲的话当回事，我行我素，自得其乐，父亲也不生气。

又一年，孩子的技艺显著提高，可以随心所欲地摆弄出各种人和动物形状。孩子常常将自己的"杰作"展示给别人看，引来诸多夸赞。但雕塑家总是淡淡地笑，并不在乎似的。

有一天，孩子存放在工作室的玩具全部不翼而飞，他十分惊疑！父亲说："昨夜可能有小偷来过。"孩子没办法，只得重新制作。半年后，工作室再次被盗！又半年，工作室又失窃了。

孩子有些怀疑是父亲在捣鬼：为什么从不见父亲为失窃而吃惊、防范呢？偶然一天夜晚，儿子夜里没睡着，见工作室灯亮着，便溜到窗边窥视：父亲背着手，在雕塑作品前踱步、观看。好一会儿，父亲仿佛做出某种决定，一转身，拾起斧子，将自己大部分作品打得稀巴烂！接着，将这些碎土块堆到一起，放上水重新混合成泥巴。孩子疑惑地站在窗外。这时，他又看见父亲走到他的那批小玩具前。只见父亲拿起每件玩具端详片刻，然后，父亲将儿子所有的自制玩具扔到泥堆里搅和起来！当父亲回头的时候，儿子已站在他身后，瞪着愤怒的眼睛。父亲有些羞愧，温和地抚摩儿子的脸蛋，吞吞吐吐道："我……哦，是因为，只有砸烂较差的，我们才能创造更好的。"

10年之后，父亲和儿子的作品多次同获国内外大奖。

成功的人往往都是一些不那么"安分守己"的人，他们绝对不会因取得一些小小的成绩而沾沾自喜，眼前那点小成就会阻碍你继续前行的脚步。每一个渴望出人头地的人都要谨记：只有不断砸烂较差的，你才能完全没有包袱，创造出更好的，走上成功的殿堂。

进取心是一种极为珍贵的美德，它能促使一个人做他自己应该做的事，而不是在被动的状态下接受任务。胡巴特说："这个世界愿对一件事情赠予大奖，包括金钱和荣誉，那就是'进取心'。"

所谓进取心，是指为人在世，应当不断地发展自己，不断地丰富自己。在眼界上，努力获取新的知识，思考新的问题；在事业上，努力争取年年有发展。换句话说，不满足于现状，不断否定自己，不断超越自己，不断给自己树立新的目标。简单地说，进取心就是主动地去做应该做的事情，而不是等待别人的吩咐。仅次于主动去做应该做的事情的人，就是当有人告诉他该怎么做时，立刻去做。更次等的人，只在被人从后面踢一脚时，才会去做他应该做的事。这种人大半辈子都在辛苦工作，却又抱怨运气不佳。最后还有更糟的一种人，这种人根本不会去做他应该做的事，即使有人跑过来向他示范该怎样做，并留下来陪着他做，他也不会去做。他大部分时间都在失业中，因此，易遭人轻视，除非他有位有钱的父亲。但如果是这种情形，命运之神会拿着一根大木棍躲在街头拐角处，耐心地等待着。

当一个人的进取心达到不可遏止的时候，他的成功便会具有必然性。拿破仑·希尔认为：进取心是一个成功人士首先必须具备的品质。当一个人失去进取心时，他周围的一切都将失去光泽。进取心犹如罐子里的火药，随着罐中火药数量的增加，它离引爆点也越来越近，最终将以一次巨大的爆炸释放自身的能量。所以，男孩一定要时刻保持一颗进取心，这样才能在成功的路上越走越远。

第六章

坚持不懈——让男孩的梦想化蛹成蝶

用骆驼精神坚守梦想

坚持就是胜利，所有人都懂得这个道理，但是要真正做到并不容易。始终记着心中的梦想，坚持就不再是盲目的举动。古人云“不积跬步无以至千里，不积小流无以成江海”，坚持不懈的努力，最终会换来丰硕的果实。

开学第一天，苏格拉底对学生们说：“今天咱们只学一件最简单也是最容易的事。每人把胳膊尽量往前甩，然后再尽量往后甩。”说着，苏格拉底示范了一遍。“从今天开始，每天做 300 下。大家能做到吗?”

学生们都笑了。这么简单的事，有什么做不到的？过了一个月，苏格拉底问学生们：“每天甩手 300 下，哪些同学在坚持着?”有 90%的同学骄傲地举起了手。又过了一个月，苏格拉底又问，这回，坚持下来的学生只剩下八成。

一年过后，苏格拉底再一次问大家：“请告诉我，最简单的甩手运动，还有哪些同学坚持了?”这时，整个教室里，只有一人举起了手。这个学生就是后来成为古希腊另一位大哲学家的柏拉图。

甩手的动作最简单不过了，但是再简单的事能够坚持下来也是不简单的。就像故事中讲的一样，一个月过去了还有一大部分人保持着这个习惯，一年过去了很多人都坚持不下来了，那么只有一个人还没有放弃，最终他凭着这股毅力成就了大事，成为一位伟大的哲学家。

在我们的生活中不也是这样吗，万事开头难，遇到困难的时候有的人选择放弃，有的人选择继续努力。结果可想而知，突破这段障碍，云破天开，雨过天晴。就像下面故事中的主人公：

齐藤竹之助成为推销员后遭拒绝的经历实在是太多了。有一次，靠一个老朋友的介绍，他去拜见另一家公司的总务科长，谈到生命保险问题时，对方说："在我们公司里有许多人反对加入保险，所以我们决定，无论谁来推销都一律回绝。"

"能否将其中的原因对我讲讲？"

"这倒没关系。"于是，对方就其中原因做了详细说明。

"您说的确实有道理，不过，我想针对这些问题写篇论文，并请您过目。请您给我两周的时间。"

临走时，齐藤竹之助问道："如果您看了我的文章感到满意的话，能否予以采纳呢？"

"当然，我一定向公司领导建议。"

齐藤竹之助连忙回公司向有经验的老手们请教，接连几天奔波于商工会议所调查部、上野图书馆、日比谷图书馆之间，查阅了过去3年间的《东洋经济新报》、《钻石》等经济刊物，终于写了一篇比较有把握的论文，并附有调查图表。

两周以后，他再去拜见那位总务科长。总务科长对他的文章非常满意，把它推荐给总务部长和经营管理部长，进而使推销获得了成功。

齐藤竹之助深有感触地说："销售就是初次遭到客户拒绝之后的坚持不懈。也许你会像我那样，连续几十次、几百次地遭到拒绝，然而，就在这几十次、几百次的拒绝之后，总有一次，客户将同意采纳你的计划。为了这仅有一次的机会，销售员在做着殊死的努力。销售员的意志与信念就显现于此。”

齐藤竹之助面对客户的拒绝，如果扭头就走，也就谈不成这单生意。优秀的销售员都是从客户的拒绝中找到机会，最后达成交易的。即使你遭到客户的拒绝，还是要坚持继续拜访。如果不再去的话，客户将无法改变原来的决定而采纳你的意见，你也就失去了销售的机会。

半途而废者经常会说“那已足够了”、“这不值”、“事情可能会变坏”、“这样做毫无意义”，而能够持之以恒者会说“做到最好”、“尽全力”、“再坚持一下”。在这一点上，我们不妨从一种动物身上获取力量——骆驼。

有位哲人说过，骆驼有两种精神：一是，相信沙漠的那边是绿洲；二是，一步一个脚印，走向希望的绿洲。是啊，骆驼，不会像骏马那样激昂地嘶鸣，更不会像耕牛那样自怜地沉重叹息……它总是默默地抬起嶙峋的身躯，负荷重物缓缓地远足。没有庄重的惜别，没有亲友的挥手，没有鲜花的蜂拥。只有驼铃伴着孤影，无言地行走！它们身上透出了一种无畏、一种坚韧、一种踏实、一种气概；没有恐惧、没有厌倦、没有躁动、没有委屈、没有怨恨、没有回头，它们稳稳健健地、一步一个脚印地走向前方，走向绿洲，走向希望。

生活中，我们不妨学习骆驼的踏实与坚韧，相信用骆驼精神一步一个脚印地行走，成功将不再遥远。

沿着同一方向，你才能走到最远的地方

如果你认准了一个发展方向，就锁定这个专业，坚持下去，不要轻言放弃。不断向该领域的高端化、纵深化方向发展，毕竟能够冲破重重阻碍、坚持不懈努力下去的人会越来越少。最终，当你成为这个领域里顶尖级的人物，你就能够感受到会当凌绝顶的境界。那么，你一路走来的艰辛、苦难，都是值得的。

新东方如今已经在外语培训领域具有很大的影响力，每年参加过新东方出国培训的学生超过20万。它的创办人俞敏洪也成为在英语教学上的权威人物，由于他在出国留学培训上的超强影响力，被人们誉为“留学教父”。俞敏洪就曾经说过，要赢得敬意，就要研究一个非常专业的领域，在那个领域中，你是最顶尖的，至少是中国前10名，这样无论任何时候你都有话说，有事情可作。的确，他在英语教学、管理方面的专业水平令人钦佩。俞敏洪在20世纪80年代毕业于北京大学西语系，对英语非常精通，尤其擅长背单词，他曾说过，他自己曾经为自己设立了一个成为中国最好的英语词汇老师之一的目标。于是，他苦心钻研、循环记忆，不仅牢牢记住了几万单词，而且在英语词汇方面主编了很多套英语教学书籍。

俞敏洪就是将自己的英语专业水平发挥到了极致，成了知名的英语教学专家，成就了自己辉煌的人生。对于我们普通人来讲，成功人士的成就并非就是高不可攀。最后走向成功的人往往是少数的，大多数人在中途就会放弃，原因就是他们没有清醒地认识到专注的重要。

在职业的规划中，目标不坚定往往是比较忌讳的，因为你很可能为了顾及其他的因素而放松了对核心专业的探索。而一旦时机成熟的时候，却往往因自己的专业水平不够而错失发展壮大的良机。

要把握时代的发展脉搏，虽然我们处于信息化的时代，技术更新换代速度非常快，但是支撑这些技术的就是专业能力，只有经过长期的积淀就会形成强有力的竞争优势，你多年的努力就会喷薄而出。

用自己辛勤的汗水来用心地浇灌这个幼苗，只要你付出了心血，总有一天，这棵幼苗会长成参天大树，枝繁叶茂，就能为你挡风遮雨。

坚持不懈的乌龟快过灵巧敏捷的兔子

“登泰山而小天下”，这是成功者的境界，如果达不到这个高度，就不会有这个视野。但是，若想到达这种境界亦非易事。十八盘的陡峭与险峻曾使无数登山客望而却步。游人只有努力向前，才能登上泰山山顶，体验杜甫当年“一览众山小”的酣畅意境。

许多人盼望长命百岁，却不理解生命的意义；许多人渴求事业成功，却不愿持之以恒地努力。其实，人的生命是由许许多多的“现在”累积而成的，人只有珍惜“现在”，不懈奋斗，才能使生命焕发光彩，事业获得成功。

要成功，最忌“三天打鱼，两天晒网”。数学家陈景润为了求证哥德巴赫猜想，用过的稿纸几乎可以装满一个小房间；作家姚雪垠为了写成长篇历史小说《李自成》，竟耗费了40年的心血，大量的事实告诉我们：无论你多么聪明，成功都是一步一步、一年一年积累起来的。

人类迄今为止，还不曾有一项重大的成就不是凭借坚持不懈的精神而实现的。

大发明家爱迪生也如是说：“我从来不做投机取巧的事情。我的发明除了照相术，也没有一项是由于幸运之神的光顾。一旦我下定决心，知道我应该往哪个方向努力，我就会勇往直前，一遍一遍地试验，直到产生最终的结果。”

要成功，就要强迫自己一件一件地去做，并从最困难的事做起。有一个美国作家在编辑《西方名作》一书时，应约撰写102篇文章。这项工作花了他两年半的时间。加上其他一些工作，他每周都要干整整7天。他没有从最容易阐述的文章入手，而是给自己定下一个规矩：严格地按照字母顺序进行，绝不允许跳过任何一个自感费解的观点。另外，他始终坚持每天都首先完成困难较大的工作，再干其他的事。事实证明，这样做是行之有效的。

男孩如果要成功，就应该学习这些名人的经验，从小事入手，坚持下去，总有一天你会看到成功的阳光。

坚持到底，永不放弃

德国伟大诗人歌德在《浮士德》中说：“始终坚持不懈的人，最终必然能够成功。”人生的较量就是意志与智慧的较量，轻言放弃的人注定不是成功的人。坚持就是胜利这个道理，也被丘吉尔在一次演讲中精彩绝伦地演绎出来。

第二次世界大战后，功成身退的英国首相丘吉尔应邀在剑桥大学毕业典礼上发表演讲。

经过邀请方一番隆重但稍显冗长的客套之后，丘吉尔走上讲台。只见他两手抓住讲台，注视着观众，大约在沉默了两分钟后，他就用那种他独特的风范开口说：“永远，永远，永远不要放弃！”接着又是长长的沉默，然后他又一次强调：“永远，永远，不要放弃！”最后，他在再度注视观众片刻后蓦然回座。

场下的人这才明白过来，紧接着便是雷鸣般的掌声。

这场演讲是成功演讲史上的经典之作，也是丘吉尔最脍炙人口的一次演讲。

丘吉尔在用他一生的成功经验告诉我们：成功根本没有秘诀，如果有的话，就只是两个：第一个是坚持到底，永不放弃；第二个就是当你想放弃的时候，回过头来照着第一个秘诀去做：坚持到底，永不放弃。

古希腊哲人苏格拉底说：“许多赛跑者的失败，都是失败在最后几步。跑‘应跑的路’已经不容易，‘跑到尽头’当然更困难。”一个人的成功往往来自于自己内心的一份坚持，虽然每个人的境遇完全不同，可是他们都没有放弃自己内心的追求！这一点点坚持使他们在竞争中成为真正的赢家！

约翰尼·卡许早就有一个梦想——当一名歌手。参军后，他买了自己有生以来的第一把吉他。他开始自学弹吉他，并练习唱歌，他甚至创作了一些歌曲。服役期满后，他开始努力工作以实现当一名歌手的夙愿，可他没能马上成功。

没人请他唱歌，他只得靠挨家挨户推销各种生活用品维持生计，不过他还是坚持练唱。他组织了一个小型的歌唱小组在各个教堂、小镇上巡回演出，为歌迷们演唱。最后，他灌制的一张唱片奠定了他音乐工作的基础。他吸引了两万名以上的歌迷，金钱、荣誉、在全国电视屏幕上露面——所有这一切都属于他了。他对自己深信不疑，这使他获得了成功。

接着，卡许经受了第二次考验。经过几年的巡回演出，他被那些狂热的歌迷拖垮了，晚上须服安眠药才能入睡，而且要吃些“兴奋剂”来维持第二天的精神状态。他沾染上了一些恶习——酗酒、服用催眠镇静药和刺激兴奋性药物。他的恶习日渐严重，以致对自己失去了控制能力。他不是出现在舞台上，而是更多地出现在监狱里。到了1967年，他每天须吃一百多片药。

一天早晨，当他从佐治亚州的一所监狱刑满出狱时，一位行政司法长官对他说：“约翰尼·卡许，我今天要把你的钱和麻醉药都还给你，因为你比别人更明白你能充分自由地选择自己想干的事。看，这就是你的钱和药片，你现在就把这些药片扔掉吧，否则，你就去麻醉自己，毁灭自己。你选择吧！”

卡许选择了生活。他又一次对自己的能力做了肯定，深信自己能再次成功。他回到纳什维利，并找到他的私人医生。医生不太相信他，认为他很难改掉服麻醉药的坏毛病。

卡许并没有被医生的话吓倒，他开始了他的第二次奋斗。他把自己锁在卧室闭门不出，一心一意要根绝毒瘾，为此他忍受了巨大的痛苦，经常做噩梦。后来在回忆这段往事时，他说，他总是觉得昏昏沉沉，好像身体里有许多玻璃球在膨胀，突然一声爆响，只觉得全身布满了玻璃碎片。

当时摆在他面前的，一边是麻醉药的引诱，另一边是他奋斗目标的召唤，结果后者占了上风。9 个星期以后，他恢复到原来的样子了，睡觉不再做噩梦。他努力实现自己的计划，几个月后，他重返舞台，再次引吭高歌。他不停息地奋斗，终于再一次成为超级歌星。

卡许的成功来源于什么？很简单，坚持。

一个人身处困境之中，不自强永远也不会有出头之日，仅仅一时的自强而不能长期坚持，也不会走上成功之路。因此，坚持不懈地自强，才是成就卓越的根本力量。

持久的力量能够把平凡变成非凡

那些看起来平凡的、琐碎的事情，只要能以专注的精神、持久的态度去做，就会变得非凡。这股专注精神是一种持续的力量，是真正的能力，是事业成功的垫脚石，也是实现人生价值的最佳途径。

当你调动生命中所有的能量去做某件事，在旁人眼里就是最富有生命力的存在。那些成功的人，无一不是靠专注力来取得成就的。他们从平凡中专心致志地提升自己的价值，最终将平凡的生命变得非凡。

一位大学刚毕业的小伙子在一家非常普通的公司工作。新员工都是从基层开始做起，很多人都在抱怨："这么没有技术含量的工作为什么要我们来做？"而这位年轻人却每天都认认真真地完成自己的分内工作，以及每一件领导交代给他的任务。此外，他还主动帮助其他同事做一些最累、最辛苦的工作。

他没有厌倦工作，反而把事情做得有条不紊。他把自己的工作详细地记录下来，遇到自己不懂的地方，就虚心地请教老员工。他刚刚工作满一年的时候，就被提拔为车间主任；过了几年，他已经是部门的经理了。而和他一起进入公司的其他人，很多都还在最底层工作，每天碌碌无为。

小伙子的成功看似轻而易举，其实却有一股专注的力量在指引着他前行。开始的他也很平凡，但他拥有着无穷无尽的专注力。“每天都认认真真地完成自己的分内工作，还帮助其他同事做一些最累、最辛苦的工作。”正是对工作的这种专注力，让小伙子几年后脱胎换骨，获得了巨大的成就。

其实，并没有哪个成功者在智力上比其他人强多少，但他们都有一个共同之处，那就是具有专注的精神。许多成功者最初看起来都是平凡的，甚至是毫不起眼的，但他们总会在那些平凡的岗位上认真专心地工作，让自己从平凡中脱颖而出。

有谁能想到显微镜的发明者竟是荷兰西部一个小镇上的门卫，他叫万·列文虎克。

列文虎克当上门卫后，为了让时光不会因在这个无所事事的岗位上浪费掉，选择了学习用水晶石磨放大镜片，磨一副镜片往往需要几个月的时间，为了不断提高镜片的放大倍数，他一面不间断地磨着，一面总结经验。

尽管人们不愿干这种单调重复的劳动，但他并不厌倦，几十年如一日。直到第六十年时，他终于磨出了能放大三百倍的显微镜片，使人类第一次发现了细菌。于是他成了举世闻名的发明家，受到了英国皇家的奖励。

难以想象，60 年的岁月，一种单调的重复劳动，这需要多么大的韧性！

古人云：“锲而不舍，金石可镂。锲而舍之，朽木不折。”成功人士之所以成功的重要秘诀就在于，他们将全部的精力、心力放在同一目标上。许多人虽然很聪明，但心存浮躁，做事不专一，缺乏意志和恒心，到头来只能是一事无成。

每一滴水珠都是平凡的，但正是有了每一滴水珠，才有了浩瀚的大海；每一粒沙子都是平凡的，但正是有了每一粒沙子，才有了壮阔的沙漠。罗马不是一天建成的，理想也不是一天就能实现的，再伟大的理想也要一步一个脚印地去实现。当男孩学会如何在平凡中倾注专心时，你的人生名片上也必然会出现“非凡”二字。

大成功是大痛苦磨砺出来的

很久很久以前，有一个养蚌人，他想培养一颗世上最大最美的珍珠。他去海边沙滩上挑选沙粒，并且一颗一颗地问那些沙粒愿不愿意变成珍珠。那些沙粒都摇头说不愿意。养蚌人从清晨问到黄昏，他都快要绝望了。就在这时，有一颗沙粒答应了他。旁边的沙粒都嘲笑起那颗沙粒，说它太傻，去蚌壳里住，远离亲人、朋友，见不到阳光、雨露、明月、清风，甚至还缺少空气，只能与黑暗、潮湿、寒冷、孤寂为伍，不值得。可那颗沙粒还是无怨无悔地随着养蚌人去了。斗转星移，几年的时间过去了，那颗沙粒已长成了一颗晶莹剔透、价值连城的珍珠，而曾经嘲笑它傻的那些伙伴们，依然只是一堆沙粒，有的已风化成土。

沙粒要变成珍珠，需要经历几年痛苦的磨砺。成功更是如此。想要获得成就，就先要经历痛苦。正如中国古语所云：天将降大任于斯人也，必先苦其心志，劳其筋骨，饿其体肤，空乏其身，行拂乱其所为，所以动心忍性，增益其所不能。

美国前总统克林顿并不算是天才人物，但他能登上美国总统的宝座，与他个人的勤奋和磨炼不无关系。

克林顿的童年很不幸。他出生前 4 个月，父亲就死于一次车祸。他母亲因无力养家，只好把出生不久的克林顿托付给自己的父母抚养。童年的克林顿受到外公和舅舅的深刻影响。他自己说，他从外公那里学会了忍耐和平等待人，从舅舅那里学到了说到做到的男子汉气概。

他 7 岁随母亲和继父迁往温泉城，不幸的是，双亲之间常因意见不合而发生激烈冲突。继父嗜酒成性，酒后经常虐待克林顿的母亲，克林顿也经常遭其斥骂。这给从小就寄养在亲戚家的克林顿的心灵蒙上了一层阴影。

坎坷的童年生活使克林顿形成了尽力表现自己，争取别人喜欢的性格。

他在中学时代非常活跃，一直积极参与班级和学生会活动，并且有较强的组织和社会活动能力。他是学校合唱队的主要成员，而且被乐队指挥定为首席吹奏手。

1963 年夏，他在“中学模拟政府”的竞选中被选为参议员，应邀参观了首都华盛顿，这使他有机会看到了“真正的政治”。参观白宫时，他受到了肯尼迪总统的接见，不但同总统握了手，而且还和总统合影留念。

此次华盛顿之行是克林顿人生的转折点，使他的理想由当牧师、音乐家、记者或教师转向了从政，梦想成为肯尼迪第二。

有了目标和坚强的意志，克林顿此后 30 年的全部努力都紧紧围绕这个目标。上大学时，他先读外交，后读法律——这些都是政治家必须具备的知识修养。离开学校后，他一步一个脚印：律师、议员、州长，最后达到了政治家的巅峰：总统。

“自古雄才多磨难，从来纨绔少伟男”，克林顿的人生经历正是对这句话最好的诠释。成大事者必有大敌，一个人如果能在挫折中坚持下去，挫折就会成为人生中不可多得的一笔财富。有人说，不要做在树林中安睡的鸟儿，要做在雷鸣般的瀑布边也能安睡的鸟儿，就是这个道理。

逆境并不可怕，只要我们学会去适应，那么挫折带来的逆境反而会给我们以进取的精神和百折不挠的毅力。

挫折让我们更能体会到成功的喜悦，没有挫折我们不懂得珍惜，没有挫折的人生是不完美的。世事常变化，人生多艰辛。在漫长的人生之旅中，尽管人们期盼能一帆风顺，但在现实生活中，却往往令人不期然地遭遇逆境。逆境是理想的幻灭、事业的挫败；是人生的暗夜、征程的低谷。就像寒潮往往伴随着大风一样，逆境往往是通过名誉与地位的下降、金钱与物资的损失、身体与家庭的变故而表现出来的。逆境是人们的理想与现实的严重背离，是人们的过去与现在的巨大反差。每个人都会遇到逆境，以为逆境是人生不可承受的打击的人，必不能挺过这一关，可能会因此而颓废下去；而以为逆境只不过是人生的一个小坎儿的人，就会想尽一切办法去找到一条可迈过去的路。这种人，往往能成大事。

世事艰辛，不如意者十有八九，不必因不平而泄气，也不必因逆境而烦恼，只要自己努力，机会总会有的。人生来都希望在一个平和顺利的环境中成长，但上帝并不喜爱安逸的人们，他要挑选出最杰出的人物，于是他让这些人历经磨难，千锤百炼终于成金。

男孩若想有所成就，那么苦难就成为一道你必须超越的关卡。鲤鱼必须跳过龙门，才能超越自我，人生又何尝不是如此。超越人生的苦难，幸福就在彼岸。

没有轻而易举的成功

外企、IT 业、设计师、精算师、演员、作家……如今很多年轻人一毕业，刚踏入社会就眼盯着那些热门行业和高薪体面的工作。事实上，那些在世人眼中拥有无限光环的职业，“看上去很美”，又有哪一个不是要经过几番磨砺和辛苦经营才能得到？

莎莉·拉斐尔是美国著名的电视节目主持人，曾经两度获奖，在美国、加拿大和英国每天有 800 万观众收看她的节目。可是她在 30 年的职业生涯中，却曾被辞退 18 次。

刚开始，美国大陆的无线电台都认定女性主持不能吸引观众，因此没有一家愿意雇她。她便迁到波多黎各，苦练西班牙语。有一次，多米尼亚共和国发生暴乱事件，她想去采访，可通讯社拒绝她的申请，于是她自己凑够旅费飞到那里，采访后将报道卖给电台。

1981 年她被一家纽约电台辞退，无事可做的时候她有了一个节目构想。虽然很多国家广播公司觉得她的构想不错，但碍于她是女性，最终还是放弃了她的构想，最后她终于说服了一家公司，但她只能在政治台主持节目。尽管她对政治不熟，但还是勇敢尝试。1982 年夏，她的节目终于开播。她充分发挥自己的长处，畅谈 7 月 4 日美国国庆对自己的意义，还请观众打来电话互动交流。令人想不到的是，节目很成功，观众非常喜欢她的主持方式，所以她很快成名了。

当别人问她成功的经验时，她发自内心地说："我被人辞退了 18 次，本来大有可能被这些遭遇所吓退，做不成我想做的事情。结果相反，我让它们鞭策我前进。"

正是这种不屈不挠的性格使莎莉在逆境中避免了一蹶不振、默默无闻的一生，走向了成功。

任何成功的人在达到成功之前，没有不遭遇失败的。失败是正常的，没有谁不曾失败。

出身医师的渡边淳一在他的作品中谈到他当年的一位同事 S 医生，在日本的医院中，年轻医生被前辈呵斥是司空见惯的事情，S 医生的指导教授更是异常严厉。每当 S 医生被教授大声斥责的时候，大家都觉得他十分可怜。

可不管教授如何批评，S 医生似乎从不颓唐，而是默默地接受，并认真观察老师如何治疗病人。教授的训斥和 S 医生忠厚的回应，一唱一和，好像捣年糕的人和捣年糕的棒槌一样，配合得非常默契。后来，S 医生成为医疗部最出色的外科医生，并在很年轻的时候就当上了院长。

渡边淳一回忆起当年走文学之路的情景："当初还是文学新人的时候，经常遭编辑退稿，并受到严厉的批评。如果当时因为挫折而消沉下去，也就不会再写小说了。"

未来社会的竞争只会越来越激烈，压力和挑战也不会随时间流逝而消失。要想在竞争中独占鳌头，赢取主动，就要有不抛弃、不放弃的精神，唤醒自己内心坚韧的力量，摒弃敏感脆弱的“小儿女心态”，勇敢面对工作中的每一次磨炼，把每一个困难当成自己成长的机会，那些在磨砺中败下阵来的人，永远无法品尝到成功的滋味，因为人生没有轻而易举的成功，只有那些在碰撞中选择继续坚持前行的人，才能成就卓越。

没有绝望的处境， 只有对处境绝望的人

人的潜力是惊人的，很多时候，你认为你承受不了的事，往往却能够不费气力地承受下来。其实，人生没有承受不了的事，要相信你自己。

面对困境，有些人会灰心丧气，一蹶不振；有一些人却能在困境中看到希望，心存梦想，并依靠这样的信念生活下去。事实证明，没有绝望的处境，只有对处境绝望的人。

你还在为即将到来或正发生在自己身上的不幸而担忧吗？其实，这些困难并不像你想象的那样可怕。只要勇敢面对，你就能够承受得了。等你适应了那样的不幸以后，你就可以从不幸中找到幸运的种子了。

帕克在一家汽车公司上班。很不幸，一次机器故障导致他的右眼被击伤，经过抢救后还是没有保住，医生摘除了他的右眼球。

帕克原本是一个十分乐观的人，现在却成了一个沉默寡言的人。他害怕上街，因为总是有那么多人看他的眼睛。

他的休假一次次被延长，妻子艾丽丝负担起了家庭的所有开支，而且她在晚上还做兼职。她很在乎这个家，她爱自己的丈夫，想让全家过得和以前一样。艾丽丝认为丈夫心中的阴影总会消除的，只是时间问题。

但糟糕的是，帕克的另一只眼睛的视力也受到了影响。在一个阳光灿烂的早晨，帕克问妻子谁在院子里踢球时，艾丽丝惊讶地看着丈夫和

正在踢球的儿子。在以前，儿子即使到更远的地方，帕克也能看到。艾丽丝什么也没有说，只是走近丈夫，轻轻地抱住他的头。

帕克说："亲爱的，我知道以后会发生什么，我已经意识到了。"艾丽丝的泪流下来了。

其实，艾丽丝早就知道这种后果，只是她怕丈夫受不了打击而要求医生不要告诉他。帕克知道自己要失明后，反而镇静多了，连艾丽丝也感到奇怪。

艾丽丝知道帕克能见到光明的日子已经不多了，她想为丈夫留下点什么。她每天把自己和儿子打扮得漂漂亮亮的，还经常去美容院。在帕克面前，不论她心里多么悲伤，她总是努力微笑。

几个月后，帕克说："艾丽丝，我发现你买的套裙旧了！"

艾丽丝说："是吗?"她奔到一个他看不到的角落，低声哭了。她身上穿的那件套裙的颜色在太阳底下绚丽夺目。

她想，还能为丈夫留下什么呢？第二天，家里来了一个油漆匠，艾丽丝想把家具和墙壁粉刷一遍，让帕克的心中永远有一个新家。

油漆匠工作很认真，一边干活还一边吹着口哨。干了一个星期，他终于把所有的家具和墙壁刷好了，他也知道了帕克的情况。

油漆匠对帕克说："对不起，我干得很慢。"

帕克说："你天天那么开心，我也为此感到高兴。"

算工钱的时候，油漆匠少算了 100 元。艾丽丝和帕克说："你少算了工钱。"

油漆匠说："其实我已经多拿了，一个等待失明的人还那么平静，你告诉了我什么叫勇气。"

帕克却坚持要多给油漆匠 100 元，帕克说："我也知道了原来残疾人也可以自食其力，生活得很快乐。"油漆匠只有一只手。

只要自己还持有一颗乐观、充满希望的心，身体的残缺又有什么影响呢？人的潜力是无穷的，世界上没有任何事情能够将人的心完全压制。只要相信自己，人生就没有承受不了的事。

坚持下去，笑到最后

比尔·盖茨认为，巨大的成功靠的不是力量，而是韧性。如今社会的竞争常常是持久力的竞争，有恒心、有毅力、有好的心态的人往往能够成为笑到最后、笑得最好的人。半途而废、浅尝辄止，梦想就永远只能是梦想。

1864年9月3日这天，寂静的斯德哥尔摩市郊，突然爆发出一声震耳欲聋的巨响，滚滚的浓烟霎时冲上天空，一股股火焰直往上蹿。仅仅几分钟时间，一场惨祸发生了。当惊恐的人们赶到现场时，只见原来屹立在这里的一座工厂只剩下残垣断壁，火场旁边，站着一位30岁左右的年轻人，突如其来的惨祸和强烈的刺激，已使他面无人色，浑身颤抖着……

这个大难不死的青年，就是后来大名鼎鼎的弗莱德·诺贝尔。诺贝尔眼睁睁地看着自己所创建的硝化甘油炸药实验工厂化为了灰烬。人们从瓦砾中找出了5具尸体，4人是他的亲密助手，而另一个是他在大学读书的小弟弟。

5具烧得焦烂的尸体，令人惨不忍睹。诺贝尔的母亲得知小儿子惨死的噩耗，悲痛欲绝；年迈的父亲因大受刺激而引起脑溢血，从此半身瘫痪。然而，诺贝尔在失败面前却没有动摇。

事情发生后，警察局立即封锁了爆炸现场，并严禁诺贝尔重建自己的工厂。人们像躲避瘟神一样地避开他，再也没有人愿意出租土地让他进行如此危险的实验。但是，困境并没有使诺贝尔退缩，几天以后，人们发现在远离市区的马拉仑湖上，出现了一只巨大的平底驳船，驳船上并没有装什么货物，而是装满了各种设备，一个年轻人正全神贯注地进行实验。毋庸置疑，他就是在爆炸中死里逃生、被当地居民赶走了的诺贝尔！

无畏的勇气往往令死神也望而却步。在令人心惊胆战的实验室里，诺贝尔依然持之以恒地行动着，他从没放弃过自己的梦想。

工夫不负有心人，他终于发明了雷管。雷管的发明是爆炸学上的一项重大突破，随着当时许多欧洲国家工业化进程的加快，开矿山、修铁路、凿隧道、挖运河等都需要炸药。于是，人们又开始亲近诺贝尔了。

他把实验室从船上搬迁到斯德哥尔摩附近的温尔维特，正式建立了第一座硝化甘油工厂。接着，他又在德国的汉堡等地建立了炸药公司。一时间，诺贝尔的炸药成了抢手货，他的财富与日俱增。

诺贝尔终于成功了，他一生共获专利发明权 355 项。他用自己的巨额财富创立的诺贝尔奖，被国际学术界视为一种崇高的荣誉。

诺贝尔成功的经历告诉我们，恒心是实现目标过程中必不可少的条件，一个人将恒心和内心的梦想结合，就会产生百折不挠的巨大力量。

无论做什么，轻易放弃是不会取得成功的。有时候，多坚持一会儿就会有奇迹出现，多坚持一会儿就能够反败为胜。日本象棋大师大山康晴曾说过："当你认为已经必死无疑了，却经常有起死回生的情形出现。"因此，一直到最后关头都不要轻言放弃，在黑暗之中力求寻觅一线曙光。

当事情愈来愈困难时，当失败排山倒海般地压过来时，大多数人会放弃离开，只有意志坚强的人才能够坚持到底，不轻易言败。而最终的胜利，也往往属于这些坚持到最后的人。

第七章

认真负责——打造真正的男子汉

专心致志，一次做好一件事

专注的力量是惊人的，集中精力专注于自己正在做的事情，做起事来不仅轻松、有效率，而且也能够把事情做得更好。

有一次，孔子带领自己的学生去楚国采风。他们一行从树林中走出来，看见一位驼背翁正在捕蝉。他拿着竹竿粘捕树上的蝉，就像在地上拾取东西一样自如。

“老先生捕蝉的技术真高超。”孔子恭敬地对老翁表示称赞后问，“您捕蝉想必是有什么妙法吧?”

“方法肯定是有的，我练捕蝉五六个月后，在竿上垒放两粒粘丸而不掉下，蝉便很少逃脱；如垒三粒粘丸仍不落地，蝉十有八九会捕住；如能将五粒粘丸垒在竹竿上，捕蝉就会像在地上拾东西一样简单容易了。”

捕蝉翁说到此处，捋捋胡须，严肃地对孔子的学生们传授经验。他说：“捕蝉首先要学练站功和臂力。捕蝉时身体定在那里，要像竖立的树桩那样纹丝不动；竹竿从胳膊上伸出去，要像控制树枝一样不颤抖。另外，注意力高度集中，无论天大地广，万物繁多，在我心里只有蝉的翅膀，我专心致志，神情专一。精神到了这番境界，捕起蝉来，还能不手到擒来、得心应手么?”

大家听完驼背老人捕蝉的经验之谈，无不感慨万分。孔子对身边的弟子深有感触地说：“神情专注，专心致志、才能出神入化、得心应手。捕蝉老翁讲的可是做人办事的大道理啊!”

驼背翁捕蝉的故事向我们昭示了一个真理：做事情专心致志，心无旁骛，才能够把事情做好，取得“真功”。而那些能够在事业上取得卓越成就的人无一不是做事十分认真投入的人。

在历史上，阿基米德不仅是一位伟大的数学家，还是一位伟大的力学家。他通过大量实验发现了杠杆原理，又用几何演绎的方法推出了许多杠杆命题，并给出了严格的证明。其中就有著名的“阿基米德定理”。不仅如此，阿基米德还是一位十分出色的工程师，他能够把数学和生活中的具体问题结合起来考虑，大胆地运用数学方面的知识去解决天文学和物理学的问题……他之所以能够取得如此辉煌的成就，就是因为他是一个非常投入的人。

据记载，阿基米德钻研数学的时候非常专心，往往因为过于投入而忘记了其他的事情。比如在冬天吃饭的时候，他就坐在火盆旁边，一只手端着饭碗，一只手在火盆的灰烬里比画着，进行各种数学习题的运算，因过于投入，常常都忘了吃饭。

有一次，因为一道数学题没有找到答案，他很长时间都把自己关在房间里苦思冥想，由于一直没有时间去洗澡，他身上的污垢散发出一股难闻的气味。在家人的一致要求下，阿基米德才勉强进了浴室。

那时候的人们都有个习惯，洗完澡之后要往身上擦香油膏。阿基米德待在浴室里好半天还不出来，家里人感到十分奇怪。他们站在门外喊了几声，可是一点回应也没有。这是怎么回事？会不会出了什么意外?

家人赶紧推开门，令人哭笑不得的是，他们发现阿基米德已经忘了自己是在洗澡，他把浴室当成了工作室，正坐在浴盆的边缘，用手指头蘸着香油膏在皮肤上画几何图形哩！

和阿基米德一样，著名的科学家居里夫人也有着非凡的注意力。她小时候读书很专心，完全不知道周围发生的一切，即使别的孩子为了跟她开玩笑，故意发出各种使人不堪忍受的喧哗，都不能把她的注意力从书本上移开。有一次，她的几个姊妹恶作剧，用6把椅子在她身后造了一座不稳定的三角架。她始终在认真看书，一点也没有发现头顶上的危险。突然，“木塔”轰然倒塌，引起周围的孩子们的哄笑。

化学家告诉我们，如果把4000平方米草地所具有的能量聚集在蒸汽机的活塞杆上，那么它所产生的动力足以推动世界上所有的磨粉机和蒸汽机。但是，因为这种能量是分散存在的，所以从科学的角度来说，它基本上毫无价值可言。这也说明，能量一旦聚焦于一点，将会产生多么大的动力。

伊格诺蒂乌斯·劳拉有一句名言：“一次做好一件事情的人比同时涉猎多个领域的人要好得多。”在太多的领域内都付出努力，我们就难免会分散精力，阻碍进步，最终一无所成。圣·里奥纳多在一次给福韦尔·柏克斯顿爵士的信中谈到他的学习方法，并解释自己成功的秘密。他说：“开始学法律时，我决心吸收每一点有用的知识，并使之同化为自己的一部分。在一件事没有充分了解清楚之前，我绝不会开始学习另一件事情。”

专注是成功的重要保证。一位记者问爱迪生：“成功的首要条件是什么？”他回答道：“如果你有一种能够让自己的身心全部投入到同一个问题上而且不知疲倦、锲而不舍的能力，你离成功就不远了。我们每个人拥有的学习、工作、生活的时间差不多，早上7点起床晚上11点睡觉。之所以我能够取得成功，是因为他们会在这些时间里做许多许多的事情，而我只做一件，这就是区别。倘若他们将时间和精力放到同一个方向上，他们也能成功。”

一旦专注某种事物，人们会将自己有限的资源投入这种事物，对于别的事物则不会产生兴趣，从而节约了时间和精力。这种专注能够让你的思维处于连续的工作中，积极地思考必将取得好的结果。同时，专注会蓄积你全身的热忱，你的思维、你的行动会变得积极而迅速。

注重细节，不在小处出差错

所罗门国王曾经说过："万事皆因小事起，你轻视它，它一定会让你吃大亏的。"西谚有着"魔鬼藏于细节"的说法，这些话都在强调这样一个事实：细节决定成败。一个人要想有所作为，就必须注重细节，不能在小处出差错。生活中有很多由于忽视小事而导致重大损失的例子。

有一次，乌鲁木齐市粮食局的一家下属挂面厂花巨资从日本引进一条挂面生产线，作为附带合同，之后又花18万元从日本购进1000卷重10吨的塑料包装袋。而塑料包装袋的袋面图案由挂面厂请人设计。当样品设计好后，经挂面厂与新疆维吾尔自治区经贸机械进出口公司的人员审查，交付日方印刷。几个月后当这批塑料袋漂洋过海运抵乌鲁木齐时，细心的人们发现有点不对劲，再仔细看一下，全傻了眼，原来每个塑料袋的袋面图案上的"乌"字全部多了一点，变成了"鸟"字，乌鲁木齐变成了"鸟鲁木齐"。后来经过多方调查，发现原来是挂面厂的设计人员一时马虎，把设计样本打印错了，而进出口公司的人员检查时也一时大意没有发现。也就是这一点之差使价值18万元的塑料袋变成了一堆废品，给公司带来了严重的损失，相关人员都受到了严厉的处分。

试想，如果设计人员细心一点，谨慎一点，进出口公司的审查人员再认真一点，多检查一次，又怎么会让这18万元付之东流呢？

2004年2月15日，吉林市中百商厦发生特大火灾，造成54人死亡、70人受伤，直接经济损失400余万元。然而，这么一起严重的事故，其直接原因竟然仅仅是一个烟头：一位员工到仓库内放包装箱时，不慎将吸剩下的烟头掉落在地上，随意踩了两脚，在并未确认烟头是否被踩灭的情况下匆匆离开了仓库。当日 11 时左右，烟头将仓库内物品引燃。

而此时，中百商厦当日保卫科工作人员却违反单位规章制度，擅自离开值班室，未对消防监控室进行监控，没能及时发现起火并报警，延误了抢险时机。同时，他们得知火情后，违反消防安全管理的有关规定和本单位制定的灭火和应急疏散方案中规定的紧急通知浴池和舞厅人员由边门疏散的要求，未能及时有效组织群众疏散，致使顾客及浴池和舞厅人员在发生火灾后未能及时逃生，造成特别严重的后果。

一个烟头，54 条人命！

事情就是这么简单，简单得令人难以承受。

虽然政府已对这起特大火灾的处理落下帷幕，但火灾刻在人们心中的印记、留给社会的思考却远未结束。表面看来，是一只小小的烟头引燃了这场人间惨剧，但是寻找其根源，夺去 54 条人命的，不是现实中忽明忽暗的烟头，而是有关人员马虎轻率的工作作风，这才是导致悲剧的最直接的原因。

建筑一座大楼，如果因为马虎、不严格而发生计算上的错误，整个大楼就要倒塌；炼钢如果马虎，在化学成分上有点错误，就要出废钢；在艺术工作上如果马虎，一个动作、一个唱腔、一个笔画都不严格要求，那就不可能演好戏、画好画；在财务会计工作上，错一个小数点，就会乱成“一锅粥”；在社会科学上不严格，就会因错误的分析而得出错误的结论。而要使火箭和宇宙飞船上天，不要说不能有 0.01 的误差，连 0.00……1 的误差都不能有！马虎、不严格，哪怕有再大的本领也很难取得成功。

培养认真的做事风格

毛泽东曾经说过，世界上怕就怕“认真”二字，男孩要想取得杰出的成就，就必须养成认真的做事风格。

在日本，河豚被奉为“国粹”，河豚肉质细腻，味道极佳，但这种鱼的味道虽美，毒性却极强，处理稍有不慎就有可能致人死命。在中国，每年中毒、死亡者都达上千人，但同样是吃河豚，在日本却鲜有中毒、死亡的事情发生。

日本的河豚加工程序是十分严格的，一名上岗的河豚厨师至少要接受两年的严格培训，考试合格以后才能领取执照，开张营业。在实际操作中，每条河豚的加工去毒需要经过30道工序，一个熟练的厨师也要花20分钟才能完成。但在中国，加工河豚就像做普通菜一样，加工过程随随便便，烹饪过程也没有太多的工序。

加工河豚为什么需要30道工序而不是29道？我们不得而知，我们知道的是日本人很少有人因吃河豚而中毒，原因就出在工序上，经过30道加工工序后，河豚肉不仅味道鲜美，而且卫生无毒害，但粗糙对待工序只会导致严重的后果。从这一点来说，到位的做事风格，一定是经过严格的程序化的做事风格，一定是一板一眼、认真的做事风格。

只有认真才能够将事情做好。男孩要有所成就，就应当学会认真。

王杰是某知名大学的高材生，在某市的外贸公司从事销售业务已好几年。出于对个人“价值实现”问题的考虑，他打算到正在高薪招聘业务员的兴隆贸易公司工作。

因为他这次做外贸从事的具体业务是做山野菜，招聘者就考他的业务常识：“山野菜中，蕨菜出口主要是针对日本，以前销路非常好，可是近几年，日本却不要了。为什么？”

“因为菜的质量不好。”

主考官看了看他，摇摇头。

条件非常好的王杰最后没有被录用。后来王杰查到了原因。蕨菜采集的最佳时间只有10天左右，在这期间非常鲜嫩好吃，早了不熟，晚了就老了。采好后，要摊开放在地里晾晒1天，第二天翻过来再晾晒1天，把水分晒干菜晾透，然后再将其成把捆好装箱。等食用时放在凉水里浸泡一下就可以了。

可是当地农民为了多采多卖，把蕨菜采回来，来不及放在地上用阳光晾晒，而是放在炕上，点火加热，这样只用2个小时就烘干了。这样加工处理的蕨菜，外表上和阳光晾晒的没有区别，可是食用时，不管放在水里怎么泡，都像老树根一样，又老又硬，根本咬不动。这就是蕨菜质量不好的真正原因。日方发现这个问题后，几次提出警告，急功近利的农民就是不改。结果，人家就再也不从我国进口蕨菜了！

一件不起眼的小事，可以决定一项商界活动的成败和一个企业的存亡，男孩只有养成认真细致的做事风格，才能够在未来的竞争中脱颖而出，做出一番大事业。

李娟是北京广播学院的一名毕业生，1990年，她从播音系毕业。作为播音系的学生，能够到中央电视台工作，是最好的出路。李娟在中央电视台实习，而且希望到这儿工作，可到中央电视台实习的不只她一个人。

北京广播学院到中央电视台20多公里，每天早晨，她5点多起床，6点多第一拨离开学校。在赶着往城里上班的人群中，她是其中一个。顶着星星最晚回去的，也是李娟。

很快，台里便安排李娟播体育新闻了。

那是4月份的一天，风挺大。录了像，晚上6点多就可以走了，回到学院已经晚上8点多了。忽然，小娟想起一个字：镐。那个时候韩国棋手李昌镐还不是很有名。“镐”有两个读音，一是“gǎo”，一是“hào”。李娟想，这个字有两个读音，就问老同志，这个字怎么读？老同志很果断地说：“李昌镐gǎo，李昌镐gǎo！”实习生就跟着来吧，李娟就念：“李昌镐gǎo……”

回到学院，李娟还在琢磨这事儿。买饭的时候，跟同学磋商，同学说，应该念“hào”！李娟说，我也觉得应该念“hào”！回到宿舍查字典，地名的时候应该念“hào”，但没有注明人名的时候应该念什么。她还是拿不准，又给一个老师打电话，老师说：念“hào”，没错！

坏了，念“gǎo”了，这怎么办？播音嘛，白字、别字、错字，一定要杜绝！上学的时候，都把一些播音员念白字、错字的经历当笑话讲呀。李娟想，念错字让人当笑话讲也就罢了，正实习呢，出这么大一个错，这还得了！

饭也不吃了，往回赶。风呜呜地刮着。赶到电视台，已经是晚上9点50分了。李娟顾不上休息就来到三层的播音室，把录像带取出来，找到播音员，把“gǎo”改成了“hào”，还不放心，一直看着播完，才放心地走了。

在电梯间，李娟碰到了杨台长。

电梯间里就两个人。李娟知道这是杨台长，就主动打了招呼：“杨台长，您好！”

“啊，小姑娘，怎么这么晚才走？”

李娟有点不好意思了，她低声回答：“有一个字念错了，我回来改一下。”

杨台长说：“你住哪儿啊？”

“住广院。”

“啊，很辛苦啊。”

“没办法，念错了字，就要回来改。”

“好好好，小姑娘工作很认真。”

到了大门口，杨台长上了专车，李娟挤上了公共汽车。

最后，在中央电视台实习的5个学生中，只留下了李娟一个。

只有认真才能够把事情做好。然而我们要养成一丝不苟的习惯并不是容易的，它需要下一番艰苦的工夫，日积月累，逐渐在实践中形成。严格，不但是一个培养好习惯的过程，其中还包括着一个和坏习惯做斗争、改变坏习惯的过程。

要严格必须要艰苦。有些人为什么不愿意严格，为什么害怕严格？除了习惯势力以外，说穿了，最主要的原因就是怕艰苦。因为马马虎虎、敷衍了事，当然要轻松得多，而每事都严格要求，却必须付出艰苦的劳动。比如马克思的名著《法兰西内战》，就遗留下的手稿看，前后共修改过 3 次，初稿共 3 章 22 节，连“片断”一章算上，共 4 章 27 节，约 6 万字；第二稿被压缩为 7 节，连“片断”算上，共 8 节，约 3.3 万多字；第三稿即正式发表的稿子共 4 节，约 3.7 万字。前后 3 稿，不仅字数不同，结构、内容也有很大的改变。从这三稿的变化中，我们可以看出马克思对创作有多么严格的要求，而每一次手稿的变化、增删，又要付出多么巨大艰苦的劳动，所以，要真正解决怕严格的问题，必须从解决怕艰苦的问题下手。

下面我们列出一些培养认真习惯的方法，供男孩们参考：

1. 形成做事后自我检查的习惯

有些人做完作业后，常常由爸爸妈妈或其他长辈给检查出来，一一指正。这种方法对克服马虎的毛病不但没有好处，还可能导致依赖心理而更加马虎。正确的做法是自己检查、验证做事的效果，特别要培养一次做对的习惯。

2. 自己制定惩罚马虎的措施

比如，由于马虎，作业或考试出了问题，取消某项外出游玩的计划，取消一次看电视或电影的娱乐活动；也可以罚自己背诵两段有关认真、不马虎的格言、名言、谚语，或者学讲一个有关的故事。

3. 进行“细活儿”训练

学习、生活中有许多“细活儿”，不认真绝对做不好。对于自己的马虎，通过干“细活儿”，可以克服掉。例如，写正楷字、画工笔画、缝衣服扣子、淘米、挑沙子、择洗蔬菜、计算水电费、动脑筋游戏，等等。有目的地去选这类事情干，经常训练，就会越来越细心。

责任是一个人成长的动力

人活在世上，难免要承担各种责任——家庭、亲戚、朋友、国家、社会等方面的责任。这些责任既是我们的义务，同时也是我们成长的重要动力。

1957年诺贝尔文学奖的获得者阿贝尔·加缪出生在一个贫苦的家庭。在他还不懂事的时候，父亲就在战场上牺牲了，只剩下母亲与他相依为命。因为家里没有什么积蓄，小加缪和妈妈的生活特别艰难。但是，为了不让儿子在同伴中感到自卑，在小加缪到了上学年龄以后，妈妈还是毫不犹豫地把他送到了学校。可是，懂事的小加缪很快就发现，因为自己上学又增加了学费和其他一些花销，妈妈肩上的担子更重了。妈妈每天都努力地工作着，由于经常熬夜，才三十几岁的人，脸上就已经早早地爬满了皱纹。懂事的小加缪看在眼里，疼在心里。

一天晚上，加缪又伏在那盏小煤油灯下复习功课，写完作业之后，他看见妈妈还在忙碌，自己又帮不上忙，就早早地上床睡觉了。半夜里，加缪忽然被一阵咳嗽声惊醒了，睁开眼睛一看，妈妈还没有睡，她正借着微弱的灯光缝补衣服呢。小加缪再也忍不住了，他一骨碌从被子里爬起来："……妈妈，我以后再也不能让你这么辛苦了，你看，我已经长大了，是个小男子汉了，我想出去找点活儿干，减轻一下家里的负担。"

儿子善解人意的话，让妈妈的眼睛湿润了。她把小加缪紧紧地搂在怀里，泪水顺着面颊流了下来。

看见妈妈流下眼泪，小加缪有些不知所措："妈妈，难道我说错了吗？你为什么哭了？"

"好孩子，你没有说错。可是你现在还太小了，妈妈怎么舍得让你去干活儿呢？你现在需要的是好好学习，只有等你长大了，才能帮助妈妈减轻负担呀。”妈妈抚摸着加缪的头轻轻说。

听了妈妈的话，小加缪认真地点了点头，从那以后，他学习更认真了。但是，无论妈妈怎么努力，他们家的生活还是越来越困难。读完小学以后，在小加缪的一再央求下，妈妈终于同意了他的要求，让他去做些事情，帮助家里减轻负担，但前提是不能耽误自己的学习。从那以后，小加缪一边读书，一边劳动。一开始，他找到了一份扫大街的工作。对小加缪来说，这份工作无疑是份苦差事。因为他每天不仅需要很早起床，还要拿着几乎跟他一样高的扫帚去扫大街，人小，扫的地方又大，小加缪常常累得满头大汗。

为了给妈妈减轻负担，小加缪努力着坚持过来了。后来，小加缪又到一个饭馆里去洗碗。这个工作和扫大街的工作比起来更辛苦，加缪和几个小伙计每天都拼命干活，还常常不能按时洗完那些小山一样高的碗碟。

艰难的生活让加缪经受了磨炼，也养成了他刻苦勤奋的优良品质。后来，他通过自己的不懈努力，考取了大学，并最终获得了诺贝尔文学奖，成为举世瞩目的大文学家。

成就加缪的是什么？答案可以找出很多，但毫无疑问，加缪对妈妈的爱，对家庭的那份责任感，是帮助他走过那段灰暗日子的精神支柱，也是加缪最具光彩的人生财富。

小加缪的成长带给我们一个启示：责任是一个人成长的动力。对家人、对朋友、对国家的责任都可以成为我们奋斗的动力。成功的人不仅承担责任，他们还希望增加责任，以便激发更多的能力。事实上，你承担的责任越多，你处理事情的能力就越强。一个人的能力是用不完的。你也许会用完时间，但是你不会用完能力，能力是越用越多的，如同智慧一样。不要躲避任何发挥自己能力的机会。承担责任、抓住机会，因为这会增加你的能力。

责任让你更加勇敢

责任是我们每个人必须承担和无法逃避的，因为责任使我们的人生变得有意义和有价值，没有责任的人生是苍白且乏味的。尽管在我们承担责任的过程中，不可避免地也要承担起压力和面对各种困难，但一个真正能够承担起责任的人，是会勇敢地面对这些困难和压力的。事实上，责任能够赋予我们走出逆境的勇气和决心。

曾经看到过这样一个感动心灵的故事：

森林里，一只母虎正给小虎仔喂奶，它没发现猎人正悄悄地走近它。当它终于感觉到危险的时候，猎人已经举起了长矛。母虎想逃跑，但它又舍不得自己的孩子，为了救孩子，它放弃了逃跑，而是冲着猎人怒吼而去。发狂的母虎极其凶猛，把猎人吓傻了。因为平时，老虎看到猎人拿着长矛早就跑了。看到母虎暴怒的样子，猎人早已顾不得打猎，掉头跑了。

就这样，母虎凭着自己的勇敢，救了自己的孩子。

我们当然可以认为这是老虎的本能，但它也有趋利避害的本能，为什么在一刹那间，它没有选择逃跑而选择了迎向危险？或许是责任让它变得勇敢。

一些人常常在最艰难的时候，才变得异常的勇敢。当他们走出困境的时候，他们有时会对自己的勇敢表示难以置信，觉得他们原本并不是那么勇敢的。其实，就是责任让他们变得勇敢起来的。唯有责任，才会让一个人超越自身的懦弱，真正勇敢起来。

责任能够产生勇气和力量，它能够让人战胜懦弱和恐惧，战胜死亡的威胁，战胜一切困难。

有一个由业余登山爱好者组成的登山队，他们要对世界第一峰——珠穆朗玛峰发起进攻。虽然人类攀登珠峰已经不止一次了，但这是他们第一次攀登世界最高峰。队员们既激动又信心十足，他们有决心征服珠穆朗玛峰。

经过考察后，他们选择自己状态很好、天气也很好的一天出发了。攀登一直很顺利，队员们彼此互相照应，没有出现什么问题，高原低氧的情况也基本能够适应，在预定时间，他们到达了1号营地。大家都很高兴，因为有了一个良好的开始，就等于成功了一半。

第二天，天气突然发生了变化，风很大，还有雪。登山队长征求大家的意见，要不要回去，因为要确保大家的生命安全。生命只有一次，登山却还有机会。但是大家都建议继续攀登，登山本来就是对生命极限的一种挑战。

于是，登山队继续向上攀登。尽管环境很恶劣，但是队员征服自然、征服珠穆朗玛峰的信心却十足，大家小心翼翼地向上攀登。“队长，你看!”一个队员大喊，大家循声望去，在离他们很远的地方发生了雪崩。虽然很远，但雪崩的巨大冲击力波及到登山队，一名队员突然滑向另一边的山崖，还好，在快落下山崖的那一刻，他的冰锥紧紧地插进了雪层里，他没有滑落下去，但他随时有可能被雪崩的冲击力推下去。

情况十分危险，如果其他队员来营救山崖边的队员，有可能雪崩的冲击力会将别的队员冲下山崖。如果不救，这名队员将在生死边缘徘徊。

队长说：“还是我来吧，我有经验，你们帮我。大家把冰锥都死死地插进雪层里，然后用绳子绑住我。”“这很危险，队长。”队员们说。

“已经没有犹豫的时间了，快!”队长下了死命令。大家迅速动起手来，队长系着绳子滑向悬崖边，他死命地拉住了抱住冰锥的队员，其他队员使劲把他俩往上拉。就在下一轮雪崩冲击到来之前，队长救出了这名队员。

全队沸腾了，经过了生死的考验，大家变得更坚强了。

最终，登山队征服了珠峰。站在山峰上，他们把队旗插在山峰的那一刻，也把他们的荣誉和责任留在了世界上最纯净的地方。

后来，队长说："当时我也非常恐惧，随时可能尸骨无还，但我知道，我有责任去救他，我必须这么做。责任的力量太大了，它战胜了死亡和恐惧，真的。"

责任可以战胜死亡和恐惧，可以让一个人变得勇敢和坚强。面对困难和危险，牢记心中的责任，你就能够从中汲取战胜困难的勇气和力量。

学会对自己的行为负责

我们只有首先学会对自己的行为负责，才能够开始对家庭、对他人、对集体、对社会负责。

阿尔弗雷德大帝是英国历史上最伟大的国王之一，同时也是一个极具责任感的人。

阿尔弗雷德统治时期的英格兰形势复杂，国家受到凶猛的丹麦人的入侵。入侵者如潮涌来，他们个个剽悍勇猛，很长时间几乎百战百胜。如果他们继续势不可挡，将会征服整个英国。

最后，阿尔弗雷德大帝率领的英格兰军队战败了。每个人，包括阿尔弗雷德，都只能设法逃生。阿尔弗雷德乔装打扮成一个牧羊人，只身逃走，穿过森林和沼泽。

经过几天漫无目的的游荡，他来到一个木匠的小屋中避难。饥寒交迫的他敲开房门，乞求木匠的妻子给点儿吃的东西并借宿一晚。

女人同情地看着这位衣衫褴褛的男人，她不知道他是谁。"请进，"她说，"你给我看着炉子上的蛋糕，我会提供你晚餐的。我现在出去挤牛奶，你好好看着，等我回来，可别让蛋糕煳了。"

阿尔弗雷德礼貌地道了谢，坐在火炉旁边。他努力把精力集中到蛋糕上，可是不一会儿他的烦心事就充满了脑子。怎样重整军队？重整旗鼓后又怎样去迎战丹麦人？他越想越觉得前途渺茫，开始认为继续战斗也将无济于事，阿尔弗雷德只顾想自己的问题，他忘了自己是在木匠的屋子里，忘了饥饿，忘了炉子上的蛋糕。

过了一会儿，女人回来了，她发现小屋里烟熏火燎，蛋糕已经烤成焦炭。阿尔弗雷德坐在炉边，目光盯着炉火，他根本就没注意到蛋糕已经烤焦。

“你这个懒鬼！”女人叫道，“看看你干的好事。你想吃东西，可你袖手旁观！好了，现在谁也别想吃晚餐了！”阿尔弗雷德只是羞愧地低着头。

这时，木匠回来了。他一进家门就认出了坐在炉火旁边的阿尔弗雷德大帝。“住嘴！”他告诉妻子，“你知道你在责骂谁吗？他就是我们伟大的国王阿尔弗雷德！”

女人惊呆了，她跑到国王面前急忙跪下，请求国王原谅她如此粗鲁。

但是阿尔弗雷德却亲切地请女人站了起来。“你责怪我是应该的，”他说，“我答应你看着蛋糕，可蛋糕还是烤煳了，我该受惩罚。任何人做事，无论大小都应该认真负责。这次我没做好，但此类事情不会再有了，我的职责是做好国王。”

这个故事没告诉我们那天晚上阿尔弗雷德是否吃了晚饭，但没过多久，他就重整自己的军队，把丹麦人赶出了英格兰。由此可以得出，阿尔弗雷德之所以能成为英国历史上有名的国王，不仅是因为他卓越的品格和领导才能，而且还与他对自己行为负责的精神分不开。

有一次，一位外国妈妈带着自己7岁的小女儿到中国一户家庭做客。

女主人对外国友人的到来非常重视，特别学习了西餐的做法。她对外国母女说：“今天我做西餐给你们吃，你们尝尝中国人做的西餐味道好不好。”

7岁的女孩听女主人要给她们做西餐，心想：中国人做西餐肯定不好吃。于是，当女主人问她吃不吃的时候，小女孩坚定地回答：“我不吃。”

等女主人把西餐端上来的时候，小女孩一眼就看到了漂亮的冰淇淋。这么好看的冰淇淋味道肯定很好！小女孩有点迫不及待地对妈妈说：“妈妈，我要吃冰淇淋。”

女主人很高兴小女孩能够喜欢自己的冰淇淋，就高兴地把冰淇淋端到小女孩面前，说：“来，吃吧！”

谁知，女孩的妈妈严肃地对女主人说：“不行，我女儿说过她不吃西餐，她得为自己说过的话负责，今天她不能吃冰淇淋！”

女儿着急地哭起来：“妈妈，我就想吃冰淇淋！”但是，女孩的妈妈根本不为所动，只是对女儿淡淡地说：“你得为自己负责。”

女主人看着，觉得女孩的妈妈也太认真了，就说：“给她吃吧，孩子总是这样的。”

女孩的妈妈正色对女主人说：“亲爱的，我们要培养孩子的责任心。”

结果，无论女孩怎么哭闹，妈妈就是不同意让她吃冰淇淋。

事实确实如此，只有让孩子懂得自己的行为将会产生什么后果，他才会对自己的行为负责任。在现实生活中，当你遇到麻烦的时候，你应该说：“这是我自己选择的，我想想为什么会这样？”而不要说：“我已经努力了，是爸爸没有帮助我。”虽然只是一句话，却反映出了观念的不同。如果你无意中推卸了责任，你将会认为自己无须承担责任，这对自己以后的人生道路是很不利的。

勇于负责，不要推卸责任

要做一个负责的人，就应当做到无论什么时候都不推卸责任、不迁怒他人，这也是一个人成熟的标志。

美国的教育学家约翰逊有一个刚学会走路的小女儿，有一天她搬着她的小椅子到厨房里，想要爬到冰箱上去。约翰逊急忙冲过去，但已经来不及在她跌倒之前扶住她。当他把她抱起来时，她狠狠地踢了那把椅子一脚，喊道："坏椅子，害得我跌了一跤！"

小孩子只会任性而为，为自己的过错迁怒于没有生命的东西或是无辜的旁观者，对他来说这是正常的行为。但是，如果我们将这种小孩子的反应带到成年，麻烦就来了。自从有人类以来，因为自己的失败和过错而责怪他人的现象一直存在着。

一个人如果不对自己过去的行为负责，就不可能对自己的未来负责。一个人只有学会对自己的行为负责，不把责任推给别人，才能够不断地进步和成长。

英国女教师莫妮卡的班上有一位学员，有一天，在其他的学员走了以后来找她。她们那天在课上训练学生记人名。这位女学员对她说："尊敬的老师，我希望你不要指望能改进我对人名的记忆力，这是绝对办不到的事情。"

"为什么？"莫妮卡问她。

"这是遗传的，"她回答，"我们全家人记忆力都不好，我的记忆力是我父母遗传给我的。因此，你要知道，我在这方面不可能有什么进步。"

"凯蒂，"莫妮卡说，"你的问题不是遗传，是懒。你觉得责怪你的家人比用心改进自己的记忆力要来得容易。坐下来，我证明给你看。"

接下来的几分钟，莫妮卡让凯蒂做了几个简单的记忆练习，由于她专心练习，效果很好。莫妮卡花了相当长一段时间，才让凯蒂消除无法将脑筋训练得比前辈好的想法，不过她很高兴凯蒂做到了，凯蒂终于学会了改进自己的记忆力而不是找借口。

承担责任，可以让一个人变得更优秀。如果一个人乐意对自己的行为负完全责任，即使蒙受损失也不改变做人风格，那么，为了避免损失，他会尽量预防失误，他的失误也因而越来越少，久之必然成为一个出类拔萃的人。所谓专家，就是失误更少些的人，无论在任何领域都是如此。

事实上，我们没有责任感，主要是我们没有担负责任的机会，让我们去承担不负责任的后果。

那么，男孩们应当如何培养自己的责任心呢？

1. 不要推卸责任

我们对做的事要勇于承担责任，不要推卸给别人，我们要试着把家庭生活的一些责任放在自己肩膀上。

2. 不要告别人的状

我们如果经常告诉父母别人如何如何，我们就是在学会怪罪别人，我们的大部分告状行为是想引起父母的注意。

3. 从小事做起

培养我们的责任感，不可能一蹴而就。我们要从小事做起，一步步循序渐进。至关重要的一步，就是对自己的行为负责，而不是等问题出来了把责任推给别人。

我们只有首先对自己负责，才能开始对家庭、对他人、对集体、对社会负责。

第八章
合作分享——懂得分享才能共赢

我们需要与别人合作

北美有一种生存时间最长、最具生命力的植物——红杉。它之所以生命力如此顽强，就是因为它的生存隐含了一种“团队合作”的力量。这种力量坚不可摧！

美国加州的红杉，其高度大约是 90 米，相当于 30 层楼高。

科学家深入研究红杉，发现了许多奇特的现象。一般说来，越高大的植物它的根理应扎得越深，但科学家却发现红杉的根只是浅浅地浮在地表而已。从理论上讲，根扎得不够深的高大植物是非常脆弱的，只要一阵大风就能将它连根拔起，可红杉又为何能长得如此高大且屹立不倒呢？

研究发现，必定有一大片的红杉生长在同一个地方，并没有独立生长的红杉。这大片红杉彼此的根紧密相连，一株连着一株，结成一大片。自然界中再大的飓风，也无法撼动几千株根部紧密连接、占地超过上千公顷的红杉林。除非飓风强到足以将整块地皮掀起，否则没有任何自然力量可以动红杉分毫。

红杉的浅根，也正是它能长得如此高大的利器。它的根浮于地表，方便、快速而大量地吸收赖以生长的水分，使红杉得以迅速生长，同时，它也不需耗费能量。而一般植物扎下深根，用深根的能量来使它向上生长。

既然连植物都因“合作”而增强生命力，而永存，为什么人类就不可以呢？成功不能只靠自己的强大，成功需依靠别人，只有帮助更多人成功，你自己才能更成功。

作为社会中的一员，谁也不能总是单独行动，有些事情靠一个人的力量是无法完成的，因为每个人的能力总是有限的。

有些人精力旺盛，认为没有自己做不到的事。其实，精力再充沛，个人的能力还是有限度的。超过这个限度，就是人所不能及的，也就是你的短处了。每个人都有自己的长处，同时也有自己的不足，这就要与人合作，用他人之长补己之短，养成合作的习惯。

给大家讲一个故事：

从前，有两个饥饿的人得到了一位长者的恩赐：一根渔竿和一篓鲜活硕大的鱼。其中一个人要了一篓鱼，另一个人要了一根渔竿，于是，他们分道扬镳了。

得到鱼的人原地就用干柴搭起篝火煮起了鱼，他狼吞虎咽，还没有品出鲜鱼的肉香，转瞬间连鱼带汤就被他吃了个精光。过了一段日子，他便饿死在空空的鱼篓旁。另一个人则提着渔竿继续忍饥挨饿，一步步艰难地向海边走去，可当他已经看到不远处那蔚蓝色的海洋时，他用尽了浑身最后一点力气，也只能带着无尽的遗憾撒手人间。

又有两个饥饿的人，他们同样得到了长者恩赐的一根渔竿和一篓鱼。可是他们并没有各奔东西，而是商定共同去找寻大海。他俩每次只煮一条鱼，经过遥远的跋涉，来到了海边。从此，两人开始过上以捕鱼为生的日子。几年后，他们盖起了房子，有了各自的家庭、子女，还有了自己建造的渔船，过上了幸福安康的生活。

这个故事告诉我们，在面临困境时，无论你的眼光是短浅还是长远的，依靠自己一个人的力量往往很难摆脱困难，只有合作，产生一种“合力”，才能推动你渡过难关。

克雷洛夫说过：“一燕不能成春。”一个人无论多么优秀，如果离开别人的配合，就无法把自己的事情做好，也无法在未来的社会中立足，我们的社会是由各怀特长的人共同组成的，每个人都有自己的优点，都是不可取代的，只有相互合作、取长补短，才能够取得成功。

所以，我们需要与人合作，孤立的人不可能取得成功。

合作才能共赢

合作是指两个或两个以上的个体为了实现共同目标或者共同利益，自愿地结合在一起，通过相互之间言语和行为的配合与协调，从而实现共同目标，最终个人利益也获得满足的一种交往活动。

大凡明智的人都懂得联合起来改变自己命运的道理，历史上六国联合抗秦，都得互保，而联合一旦破裂，就都被强秦所灭。香港两大富豪李嘉诚和包玉刚的联合可谓成功典范，包玉刚帮助李嘉诚控股和记黄埔，李嘉诚帮助包玉刚登陆九龙仓。协作思考，1＋1＞2，这样明显的道理一旦被掌握和运用，就能产生巨大的推动力，让应用它的人获得成功。

史蒂芬是一位演员，刚刚在电视上崭露头角。他英俊潇洒，很有天赋，演技也很好，开始扮演小配角，现在已成为主角。从职业发展上看，他需要有人为他包装和宣传以扩大名声，因此他需要一个公共关系公司为他在各种报纸杂志上刊登他的照片和有关他的文章，增加他的知名度。

不过，要建立这样的公司，史蒂芬拿不出那么多钱来。一次偶然的机会，他遇上了Rose。Rose曾经在一家大的公共关系公司工作了好多年，她不仅熟知业务而且也有较好的人缘。几个月前，她自己开办了一家公关公司，并希望最终能够打入公共娱乐领域。但目前，一些比较出名的演员、歌星、夜总会的表演者都不愿同她合作，她的生意主要还是靠一些小买卖和零售商店。当史蒂芬把他的想法告诉 Rose 后，Rose 与他一拍即合，与他联合干了起来。

史蒂芬成了 Rose 的代理客户，而 Rose 则为史蒂芬提供抛出头露面所需要的经费。他们的合作达到了最佳境界。史蒂芬是一名英俊的演员，并正在时下的电视剧中出现，Rose 便让一些较有影响的报纸和杂志把眼睛盯在他身上，这样一来，她自己也变得出名了，并很快为一些有名望的人提供了社交娱乐服务，他们付给她很高的报酬。而史蒂芬不仅不必为自己的知名度花大笔的钱，而且随着名声的增长，也使自己在业务活动中处于一种更有利的地位。

史蒂芬和 Rose 通过彼此合作，弥补了个人能力的局限，最终促成了双方利益的双赢，这就是合作。合作是件快乐的事情，有些事情人们只有互相合作才能做成。

我们只有时刻保持合作的意识，才能取得更好的成绩，才能取得成就，从而开拓自己的辉煌人生。

1. 我们要在思想里有自主合作的意识

合作意识是个人意愿、感觉、情感、思维等过程的心理总和，主体意识、情感意识、参与意识是合作的重要因素，如果合作有意义，个人的行为、成功、荣耀与集体息息相关。个人成功与团体的成功同样重要时，个人就会意识到合作的价值。

独木难成林，一个人的力量总是有限的，所以说，合作就要有合作的意识，要有合作的态度，不能依仗着自己的能力，演绎单枪匹马的个人英雄主义，而轻视团体中其他人的作用。

2. 寻找可以互补的合作者

水桶的容积不取决于最长的木板，而被最短的木板限定。合作也是如此，一个团体能够取得多大的成绩，也决定于最弱的那个环节。

《三国演义》中，刘备手下的武将个个都能征善战，让曹操羡慕得不得了，可是刘备连安身之地也没有，就是因为合作团体中缺少运筹帷幄的军师。如果他没有三顾茅庐请孔明，即使有更多的猛将，也是徒劳的。

所以说，我们在选择合作伙伴的时候，一定要请与自己能力互补的朋友参加。合作像是齿轮组，互相咬合在一起才能彼此带动，如果只是平摆浮搁地叠加，合作本身的内聚力就发挥不出来，效果也会大打折扣。

合作是一个共同提高的过程，我们只有从合作伙伴身上找到自己的弱点并弥补弱点，才能提高自身生存的本能，合作才会变得有意义。

3. 重视与合作伙伴沟通

一个人的思维是有限的，集思广益才是合作的精髓。我们在合作的过程中，要敢于发表自己的意见，也要虚心听取他人的意见，只有这样，才能将大家的力量集中在一起，战胜我们面前共同的困难。

善于合作是一个人谋求发展的永恒主题，要有心与人合作，善假于物，那就要取人之长，补己之短，而且能互惠互利，让合作双方都能从中受益。

相互包容是合作的前提

每个人的性格、习惯都不尽相同，团队中的成员更是如此。大家有着共同的目标，却有着不同的行事习惯和风格，彼此间往往会产生或大或小的摩擦，要想与合作对象顺利地达到目标，就要巧妙地把握合作尺度。记住：相互包容是合作的前提。

一个宽容的人，能够对那些在意见、习惯和信仰方面与自己不同的人表示友好与接受。宽容最能够表现出一个人的耐心、谦恭、明智与深谋远虑，通过敞开心胸接受新观念和新资讯，往往可以使自己的知识更丰富，个性更完善，更具想象力。如果一个人只会封闭自己，那就无法接触到更多的信息以及思想的不同层面。如果我们反过来，乐于接受新观念，乐于对不同的声音表现出容忍、谅解与友善，那么我们就能不断地提升思维能力。

一天，刘邦在咸阳南宫边走边观望，只见一群武将在宫内不远的水池边或站或坐，互相交头接耳，像是在议论什么。刘邦好生奇怪，便把张良找来问道："你知道他们在干什么吗？"

张良毫不迟疑地答道："这是要聚众谋反呢！"

刘邦一惊："为何要谋反？"

张良却很平静："陛下从一个布衣百姓起兵，与众将共取天下，现在所封的都是以前的老朋友和自家的亲族，所诛杀的是你平时最恨的人，这怎么不令人望而生畏呢？今日不得受封，以后难免被杀，朝不保夕、患得患失，当然要头脑发热，聚众谋反了。"

刘邦紧张起来："那怎么办呢？"

张良想了半晌，才提出一个问题："陛下平日在众将中有没有最恨的人呢？"

刘邦说："我最恨的就是雍齿。我起兵时，他无故降魏，以后又自魏降赵，再自赵降张耳。张耳投我时，才收容了他。现在灭楚不久，我又不便无故杀他，想来实在可恨。"

张良一听，立即说："好！立即把他封为侯，才可消除眼下的人心浮动。"

刘邦对张良是极端信任的，他对张良的话没有提出任何异议，立即封雍齿为什邡侯。见雍齿也被封侯，那些未被封侯的将士一个个都喜出望外："雍齿都能封侯，我们还有什么可顾虑的呢？"

事情真被张良言中了，危机也就这么轻易地化解了。

刘邦的这次论功封赏，体现了战争中以地位、作用高低论功的特点，在发现由此引发的一些矛盾后，又能以宽容为怀，化解矛盾，这种思考既保证了自己队伍中骨干积极性的发挥，又能做到队伍的基本稳定，的确是高明之举。

人与人之间有时候会因为某些利益方面的问题而发生矛盾，在矛盾面前，若能够有较大的气量，以宽容的态度去对待别人，将心比心，就会在时间的推移过程中，逐渐改变对方的态度，使矛盾得到缓和。一旦与他人发生矛盾、受到他人的错误对待时，不应该因对方对待自己态度上有错而改变自己初时的热情和真诚，始终不渝地以友好的方式对待对方。有了这种态度，便能唤起对方的醒悟与行动反馈。

要与他人很好地合作，就必须做到不苛求合作者（当然，这并不是说对合作者一味地无原则地迁就），不吹毛求疵，多一点宽容和忍让，做到勿以小恶弃人大美，勿以小恶忘人大恩，让合作者感到他合作的环境和谐、融洽，这样的合作才能牢固、长久。

相互包容可以使人去除芥蒂与隔阂，以更坦荡和明朗的胸怀面对彼此。相互包容可以促进大家的合作，使合作的效益达到最大化。

合作就要相互包容，在合作中发现他人的优点和长处，要将之吸收过来，转变为自己的优势，并将这一优势发挥得淋漓尽致。

信任是合作的基石

人人都厌恶虚伪和欺骗，向往人与人之间的真诚与信任。信任是人们交往与合作的前提，也是我们社会得以有秩序、和谐运转的前提。如果你仔细观察我们周围的人和事，并且把人们对他人的信任程度与他人在生活中的成功大小相比较，你就会发现，那些老实人，涉世不深的人，那些认为别人都像自己一样诚实的人，比疑心重重的人生活得更加美满、更加充实。即使他们偶尔受骗，也同样比那些谁也不信的人幸福。

人活在世上需要信任别人，犹如需要空气和水。我们如果不信任别人，就无法与别人坦诚地交往，更别提相互合作了。

一位心理学教授曾和自己的学生做过这样一个实验。他让同学们前后站成两排，然后命令后一排的同学做好救助准备，待他喊了“开始”之后，前一排同学就往后一排相对位置的同学身上倒，他说：“前面的同学别有顾虑，要尽力往后倒。好，开始！”

前排的同学们只是觉得有些好玩，他们按照心理学教授的指令，身子一点点向后倾斜，但是，大家明显地暗自掌握着身体的平衡，并不敢一下子把自己全部倒在后排人的身上。

可是，这里面有个例外——一位男生在听到心理学教授的指令之后，紧紧地闭上了双眼，实打实地向后面倒去。他的搭档是一位小巧纤弱的女生，当她感到他毫不犹豫地倒过来时，先是微微一愣，接着就倾尽全力去抱住他。看得出来，她有些力不从心，但却倔强地抿紧了双唇，誓死也要撑起他……

她成功了。

心理学教授笑着去握他和她的手，告诉大家说：“他俩是这次实验中表现最为出色的人。这位男生为大家表演了‘信赖’——信赖是什么呢？信赖就是去除心中的猜疑和顾忌，完全地相信别人。这位女生为大家展示的则是‘值得信赖’——值得信赖，其实是信赖催开的一朵花，如果信赖的春风吝于吹送，那么，这朵花就有可能遗憾地夭折在花苞之中，永远也别想获取绽放的权利。当然，如果信赖的春风吹得温暖、吹得和畅，那么，被信赖的人就被注入了一种神奇的力量——就像你们看到的那样，一个弱不禁风的女生可以扶起一个虎背熊腰的男生，一只充满了爱意的手可以托举起一个美丽多彩的世界。同学们，值得信赖是幸福的，而信赖他人是高尚的。让我们先试着做高尚的人，然后再去做幸福的人吧！”

只有相信别人，我们才能与别人更好地合作。相信别人可以驱散我们心头的猜疑和顾忌，学会信赖别人，并且努力让自己变得值得信赖，我们与他人的交往和合作就会变得更顺利。

信任是合作的基石，同时也是我们生活的需要。在日常生活中，我们总是希望得到别人的理解和信任，那么，如何提高你的信任度呢?

1. 真实地表现自己

信任，不会凭空产生，也难在乞求恩赐中获得，首先自己要有被人信得过的地方，就是说别人的信任之光只能从你自己的言行这个“光源”中产生。因此，坦诚、不加掩饰地再现自己的本来面目，则是获得信任的基础。注意，与人交往，能把自己“推销”出去，是有胆有识之举。你得适度地暴露自己，让人们注意你，这样你就有希望找到释放能量和获得信任的机会。若躲躲闪闪、故作姿态、忸忸怩怩，给人以捉摸不透的感觉和模模糊糊的印象，那别人很难对你产生信任的意向，增加信任的砝码。所以，如实地表现自己，是取信于人的基石。

2. 注意第一印象

为别人办头一件事，对别人说第一句话，都会在他心里留下印象，成为对你最终评价的参照。有的人不注重第一次交往的“效应”，往往容易造成误会，事后又不懂如何弥补，就会给人以“此人不太牢靠”的印象。而印象一旦固定，要改变它就得多花费些精力。

3. 慎许承诺

提高信任度，最关键的一点是把握好允诺与兑现的尺度。一旦与人承诺，就一定想方设法尽力去办，实在存在困难，出现了意外，应向对方解释清楚，寻找补救办法，但切忌变换过多，给人敷衍了事的感觉。

办事要扎实，不要拍胸夸口或模棱两可，应具有时间观念和信用意识。确实难以成全的，应直接说明理由，给人以讲究实际和礼貌的感觉。生活中最忌讳随随便便允诺，因为轻率的允诺既害苦自己，也使别人大失所望，直接影响别人对你的信任和尊重。兑现，是应该孜孜以求的。

在团结中合作

合作精神是时代呼唤的主旋律。一个人只有融入一定的团体，才能把外界的力量转化为自身的力量，一个人的价值也只有在团队中才能体现得更充分。如果没有协作精神，那么就很难显露自己的优秀。

在1985年的美国职业篮球联赛中，洛杉矶湖人队曾是一个最被看好的球队，它的球员都是最优秀的。但它在决赛时输给了波士顿的凯尔特人队。湖人队一蹶不振，所有的球员感到极为沮丧。在1986年的美国职业篮球联赛开始之前，湖人队仍没有从失败的阴影中走出来。

教练派特·雷利为了让湖人队重振雄风，告诉每个球员，他们都已经很优秀，如果能在相互配合上进步1%，便会取得令人满意的好成绩，便一定能登上冠军的宝座。1%的进步似乎是微不足道的，可是如果12个球员在配合上进步1%，球队的整体实力最少也能比以前进步12%。经过苦练，球员的协作精神被充分地挖掘出来，在这一年的美国职业篮球联赛中，湖人队势不可当地夺得了冠军。

人生中处处离不开合作，一项发明，往往是许多科学家相互合作的结晶；一项技术，总是一个研究所的人共同合作完成的；甚至完成一份报告，也少不了别人的帮助。学会合作，才能更好地实现目标；学会合作，才能更加快速地走向成功。不要认为与他人合作就是一种不自立的表现，一种不成熟的行为，学会合作意味着你学会了走向成功的另一种方法。

廉颇和蔺相如都是战国时期赵国的大臣。

廉颇英勇善战，曾领兵攻打齐国，立下赫赫战功，被拜为大将。

蔺相如原来是赵国一位宦官头目家中的门客。有一次秦昭王派人带着国书向赵王索取价值连城的“和氏璧”。蔺相如奉命入秦，在秦王面前据理力争，怒发冲冠，终于保全了和氏璧，使之归还赵国。公元前

279 年，他随赵王到渑池与秦王相会，维护了赵国的尊严，使秦国没有赚到便宜。由于他在强大的秦国面前表现出的大智大勇，赵王便封他为相国，职位在廉颇之上。

蔺相如地位的变化，使廉颇愤愤不平。廉颇认为自己有攻城野战之功，而蔺相如只有口舌之劳，因此他的地位应比蔺相如高，可事实却恰恰相反，因此他扬言："不愿意与蔺相如同朝为官。有朝一日见到他，非给他点颜色看看不可！"廉颇存心当众羞辱蔺相如，好摆一摆自己的老资格。蔺相如对这位老将军却是一再忍让，不同他计较。

有一天，蔺相如带着随从外出，没想到冤家路窄，老远就看见廉颇骑着战马威风凛凛地迎面走来，蔺相如忙退到小巷里躲避。这一来，在蔺相如手下做事的人都感到没面子，认为他怯懦胆小，纷纷要求离去。

蔺相如留住大家，心平气和地对他们说："诸位看廉将军和秦王相比，究竟哪一个厉害呢？"大家说："当然是秦王厉害。"蔺相如又说："秦王虽然强大威风，而我却敢在秦国朝廷上当面斥责他，羞辱他的大臣。我虽然无能，也不至于害怕廉将军吧！但我想，强横的秦国之所以不敢欺负赵国，是因为他们知道赵国文有我蔺相如、武有廉颇将军罢了。我们之间如果闹不合，两虎相斗，必有一伤，这时秦国就会乘虚而入，造成亲者痛、仇者快的情景。我之所以对廉将军一再忍让，完全是以国家的危难为重，不计较个人的恩怨啊！"

这些话传到了廉颇那里，廉颇十分感动，羞愧难当。他立刻脱下上衣，背着荆条，主动上门请蔺相如责罚自己。蔺相如一见老将军负荆请罪，赶忙把他扶起来。于是两人言归于好，同心协力保卫赵国。在渑池之会以后的整整十年里，秦国一直不敢对赵国发动大的攻势。

人与人之间的交往，就是要在相互理解的基础上团结合作。一个人的力量是有限的，只有和大家一起合作才能成大事。在男孩的成长过程中，要参加许多团队活动，与人合作是一种交往的动态活动，这种活动让人拥有共享双赢的体验。

互相协作，取长补短

只有相互协作才能够把事情做好。无论你从事什么样的工作，担当什么样的角色，都需要同周围的人相互协作，这样才能顺利完成自己的工作。

美国生物学家沃森和英国生物物理学家克里克之间的默契合作一直被科学界传为佳话。他们之间的合作就是一个相互取长补短、共同进步的范例。

1953年3月7日，美国生物学家沃森和英国生物物理学家克里克夜以继日、废寝忘食地工作，终于将他们想象中的美丽无比的DNA模型搭建成功了。

沃森和克里克的这个模型正确地反映出DNA的分子结构。此后，遗传学的历史和生物学的历史都从细胞阶段进入了分子阶段。

尽管沃森和克里克是相异的组合，但这并不妨碍他们之间漂亮的默契配合，他俩正像DNA链中的互补碱基一样。世界本是一个多样化的存在，沃森的浪漫思维和克里克的严谨推理恰好形成一种统一体，让他们共同摘取了科学的桂冠。

DNA结构的发现是科学史上最传奇的“章节”之一，沃森和克里克也因此打造了科学合作史上的“完美双璧”。

他们的性格并不相同，沃森的发散思维独步天下，经常有异想天开的创举，对他来说，没有思维和科学的框架，天马行空一样，根本不按牌理出牌；而克里克正好相反，以严谨的逻辑推理著称，没有经过严密的推理得出的结论是不会被他认可的。

但是，他们确实是互补的一对。沃森的突发奇想，经过克里克的严密论证，造就了DNA双螺旋结构的问世。假设他们分开来研究，沃森只能终日沉浸在天马行空的发散思维中，而克里克恐怕也只能在前人的理论基础里苦苦徘徊。

现代社会是一个专业化分工越来越细、竞争越来越激烈的社会，靠一个人的力量是无法应对千头万绪的工作的。在当今社会，我们比以往任何时候都更需要协作精神，资源共享、信息共享才能够创造出高质量的产品、高质量的服务。特别是团队成员之间，每一个成员都具有自己独特的一面，取长补短、互助合作所产生的合力，要大于两个成员之间的力量总和。一个人可以凭着自己的能力取得一定的成就，但只有把自己的能力与别人的能力结合起来，才能取得更大的成就。

给予是快乐的源泉

给予是快乐的源泉。给别人帮助，为别人带去快乐，一个快乐会变成更多的快乐，别人快乐了，你和他的友谊会更加牢固。这就是为什么要分享快乐的原因以及分享快乐的好处。

有这么一篇童话故事：

有个吝啬的财主，从来不肯分给人一点东西。一天，他听说某座山上有着快乐的泉水，他很欣喜地带着一个用水晶做的瓶子去舀这种泉水。

他到中途，迷了路，于是就问一位老大爷。老大爷见是吝啬的财主，就不愿意回答。可是财主再三要求，纠缠得他不耐烦。老大爷终于给他指点了路，并说："你要记住，你打回水之后，一定要给乡亲们分享泉水。"财主答应了。他果然找到了快乐的泉水。

在回家的路上，他虽然记得老大爷的话，但却不想把水分给乡亲们喝。他回家了，认为自己找到了快乐泉水，而他的瓶子里面倒出来的不是水，而是一张纸条，上面写着："只顾自己快乐的人，永远得不到快乐！"

给予能够为别人带去快乐，也能够为自己带来快乐。一个贫困的地区发生了地震，某个青年得了需要花费很高医药费的疾病……发生这些事情后，我们有的人并不富裕，但是依然捐出一些钱来支援他们。这又没有人逼他们，他们为什么会这么做呢？原因之一，就是因为他们把那些有困难的人的困难当作是自己的困难，共同承担他们的困难和痛苦。在这个过程中他们会感受到帮助他人的快乐。

我们应该怀着这样无私奉献的心来对待生活，对待身边的人。多想想拥有什么，付出哪些，少想想还要得到什么，这样才会觉得上帝是公平的，生活是幸福而快乐的。

迪克曾经是世界上最快乐的叫花子。

“我为什么不快乐呢？我每天都能吃得饱饱的，有时甚至还能讨到一截香肠；我每天还有这座破庙可以挡风遮雨；我不为其他的人做工，我是自己的上帝。我为什么不快乐呢？”迪克这样回答那些羡慕他的人。

然而有一天，迪克却突然好像丢了什么宝贝似的，一下子变得闷闷不乐了。

事情是这样的，一天，迪克在回破庙的路上捡到一袋金币，准确地说是99块金币。

其实捡到金币的那个晚上，迪克是最最快乐的。“我可以不做叫花子了，我有了99块金币！这够我吃一辈子啊！99块，哈！我得再数数。”迪克怕这是一个梦，迪克不敢睡觉。直到第二天太阳出来时他才相信这是真的。

第二天，迪克很晚也没有走出破庙，他要把这99块金币藏好，这真的需要费一番工夫。“这钱不能花，我得攒着。我要是拥有100块金币就好了。我要有100块金币。”从来没有什么理想的迪克现在开始有了理想。他还需要一块金币，这对一个叫花子来说，绝对是一个非常远大的理想。

晌午迪克才出去讨饭，不！他开始讨钱，一分一分的讨。中午他很饿，他只讨了一点儿剩饭。下午，他很早就“收工”了，他得用更多的时间守着他的金币。

“还差 97 分。”晚上他反复地数着他的金币，他开始忘记了饥饿。

一连几天，迪克都这样地度过。这样过日子的迪克就再也没有吃饱过，同时也再没有快乐过。

讨饭越来越难，因为别人只愿给剩饭而不愿给钱，也因为迪克用来讨钱的时间越来越少了。因为他不快乐了，别人也不愿再施舍东西给他了。

“迪克，你为什么不快乐了？”

“咱是叫花子，快乐个啥！”

迪克越来越忧郁，越来越苦闷，也越来越瘦弱。终于有一天，迪克病倒了。这一病迪克就几天也没有起来。病后的迪克整天想着的就是一件事：还差 16 分就 100 块金币了。

给予是快乐的源泉。一个人整天想着索取而不想着与人分享的人是体会不到真正的快乐的。男孩要学会分享，在给予中体会分享的快乐。

世界上一切美好的东西和一些痛苦的事情，都需要有人来分享。让我们记住高尔基给儿子的信中的一句话：给予，永远比拿愉快！

分享让快乐加倍，忧伤减半

分享可以让快乐加倍，忧伤减半。20 世纪最有名的无神论者西道尔曾经说过：“如果想在短暂的一生中寻找快乐，那必以他人为中心，为他人设想，将他人的快乐作为自己的最大快乐，当周围的人们都幸福快乐的时候，自己才能因此而感染到愉快。”

从前在遥远的国度中，住着一位小王子。他是有史以来最忧伤的小王子之一，他从来不唱歌、游玩，也不笑，他总是显得非常的悲伤、忧愁。他的脸紧紧皱成一团，小王子一天比一天变得更悲伤。有一天，小王子不见了。他自己一个人离开了，去寻找那颗他所极珍爱的、遗失的快乐的心。

小王子找了一整天。他在城里的街道上和乡间的小路上搜寻，他在店铺里搜寻，也在富人居住的房门中张望。但是，到处都找不到他那颗遗失的心。到傍晚，他又累又饿。他从来没有走过这么远的路，他感到更加的不快乐。

太阳下山时，小王子来到一栋位于森林边缘的小屋子前，屋子看起来非常破旧，有一线灯光从窗户中投射出来。所以，他以一个王子的身份，拨开门闩，走进去。

屋里有一位母亲正在哄小婴儿睡觉，父亲正在大声地朗读一个故事，一个小女孩正在布置晚餐的餐桌，一个和小王子年龄相仿的小男孩正在生火。母亲穿的衣服很旧了，而他们的晚餐只有麦片粥和马铃薯，炉火也很小，但是一家人都像小王子所渴望的那么快乐。孩子们光着脚，脸上却挂着笑容，而母亲的声音是那么的甜美！

“你要和我们一起吃晚餐吗？”他们问。

他们似乎没有注意到王子那张皱成一团的脸。

“你们快乐的心在哪里？”王子问他们。

“我不知道你在说什么。”男孩子和女孩说。

“为什么？”王子说，“你们每个人都像脖子上戴了金链子一样，才会这么快乐。我也很想像你们一样。你们的金链子在哪里？”

啊！这些孩子们开心得大笑！

“我们不需要戴金链子，”他们说，“我们都深深爱着我们的家人。我们在游戏时把这间屋子当成城堡，我们用火鸡和冰淇淋当晚餐。晚餐后，妈妈与我们一起分享这些快乐的时光，给我们讲故事，互相分享游戏的乐趣，我们只需要这些就可以很快乐了。”

“我要留下来和你们一起用晚餐。”小王子说。

所以他就在这间像是城堡一样的小屋子里吃晚餐，把麦片粥和马铃薯当作是火鸡和冰淇淋。他帮助洗碗盘，然后他们都坐在火炉前。他们把小小的炉火看成是烧得又旺又大的火焰，一边听母亲说着仙女的故事。

突然，小王子开始笑了。他的笑容就像鲜花般灿烂，他的声音也再次像音乐一般甜美。

这个晚上，他过得非常快乐。然后，男孩子陪着他走向回家的路。当他们就快抵达皇宫大门时，王子说：

“真奇怪，但我真的觉得好像已经找到了我的快乐的心。”

男孩子笑了起来。

“有什么好奇怪的，你是已经找到了，”男孩子说，“只不过现在你把它戴在身体里面了。”

快乐来自于分享，一个人快乐的时候如果有人能和他一起分享，那么他的快乐就会加倍。相反，如果没有人和他一起来分享快乐的话，那么他原有的这份快乐也会失去。

一个人不管是拥有还是失去，是愉悦还是痛苦都需要有人来和他分享，分享可以使快乐加倍，忧伤减半。

汤米是英国一家私立中学的学生，他是一个善良而又乐于助人的孩子。在他家附近，住着一对老夫妇。汤米每天早晨上学都能看见这对老夫妇孤单的身影，虽然他们的衣着都非常整洁，但是可以看出，无论是衣服的样式还是布料，都已经有很多年头了。老夫妇的身体都不好，而且妻子还双目失明，下肢瘫痪，每天只能坐在轮椅上，由她的丈夫照顾。

因此，汤米决定做一点什么，帮助这对老夫妇，也让他们能够感受到生活的快乐。为此，汤米进行了精心的准备。在一年一度的圣诞节到来的前夕，征得父母的同意之后，汤米很郑重地来到商店，用自己所攒的零花钱买了一棵非常漂亮的圣诞树，然后把它拿回家，精心地装饰了一番，又去商店买了一些礼物，在圣诞节前夜送到了那对老夫妇家里。

因为汤米一直有一个心愿：让自己的每一个圣诞节都非常快乐。所以他希望自己能够和老人一起分享这个美丽的圣诞节，让老人也分享到自己的快乐。

当两位孤独的老人收到汤米送去的礼物时，竟然感动得哭了起来。因为他们已经很多年没有欣赏过圣诞树了，也很久没有体会到被别人关心的快乐了。

为了让老人能够真正地快乐起来，从那以后，汤米经常在每个星期都抽出时间去拜访他们，为他们修剪草坪，或者浇浇花、剪剪枝。每一次拜访，这对老夫妇都会提到那棵圣诞树，提到那个愉快的充满温馨的圣诞节。

对汤米来说，他所做的仅仅是一件小事，但他从中收获的快乐，却是十分充足和珍贵的。

正是由于汤米的友好，使两位原本寂寞孤独的老人再次获得了快乐与幸福。

由于汤米的善举，他自己的快乐因为有那对老夫妇的分享而变得更多了。而那对老夫妇也因为汤米为他们带来的快乐忘记了自己的孤独和忧伤。男孩们，当你感到快乐或者难过的时候，不妨找一个人来分享，你就会发现分享可以使你忘掉忧伤，让你的快乐加倍。

第九章

积极向上——成就男孩一生的正能量

改变心态就能改变人生

心理学家认为，一个人具有什么样的心态，他就可以成为一个什么样的人，也就能够拥有一个什么样的人生。事情往往是这样，你相信会有什么结果，就可能会有什么结果。这说明一个人可以通过改变自己的心态来改变自己的生活。

伟大的心理学家阿德勒究其一生都在研究人类及其潜能，他曾经宣称他发现人类最不可思议的一种特性——“人具有一种反败为胜的力量”。

戴尔·卡耐基讲述了一位叫汤姆森太太的经历，正好印证了这一点。

二战时，汤姆森太太的丈夫到一个位于沙漠中心的陆军基地去驻防。为了能经常与丈夫相聚，她也搬到那附近去住。那实在是个可憎的地方，她简直没见过比那更糟糕的地方。

她丈夫出外参加演习时，她就只好一个人待在那间小房子里。那里热得要命——仙人掌树荫下的温度高达摄氏50度，没有一个可以谈话的人；风沙很大，到处都是沙子。

汤姆森太太觉得自己倒霉到了极点，觉得自己好可怜，于是她写信给她父母，告诉他们她放弃了，准备回家，她一分钟也不能再忍受了，她宁愿去坐牢也不想待在这个鬼地方。

她父亲的回信只有3行，这3句话常常萦绕在她的心中，并改变了汤姆森太太的一生：

有两个人从铁窗朝外望去，

一人看到的是满地的泥泞，

另一个人却看到满天的繁星。

于是她决定找出自己目前处境的有利之处。她开始和当地的居民交朋友。他们都非常热心，当汤姆森太太对他们的编织和陶艺表现出极大的兴趣时，他们会把拒绝卖给游客的心爱之物送给她。她开始研究各式各样的仙人掌及当地植物，试着认识土拨鼠，观赏沙漠的黄昏，寻找300万年以前的贝壳化石。

是什么给汤姆森太太带来了如此惊人的变化呢？沙漠没有改变，改变的只是她自己。因为她的态度改变了，正是这种改变使她有了一段精彩的人生经历，她发现的新天地令她既兴奋又刺激。于是她开始着手写一部小说，讲述她是怎样逃出了自筑的牢狱，找到了美丽的星辰。

汤姆森太太的故事说明了这样一个朴素的道理：人可以通过改变自己的心态来改变自己的人生。这就充分证明了心态的重要性，调节心态的能力对于每个人来说都不可或缺，对男孩们来说也是如此。

学会将压力转变为动力

随着世界变化节奏的加快，每个人都承受着越来越沉重的生存压力。学生时代有考试、升学的压力，工作以后为了在社会上寻找适合自己的生存空间，压力又扑面而来：就业失业、结婚离婚、荣誉耻辱，以及处处昭示的“忧患意识”和不绝于耳的“优胜劣汰”……社会位置的选取与被接受的程度，新观念的价值取向带来的不适应，改革中不断变化带来的不稳定的恐慌，财富与权力的分配不公造成的心理不平衡，人际关系的矛盾形成的紧张，还有不可抗拒的生老病死等，都使人面临挑战，也就是遭遇压力。

面对压力，我们应该怎么做？是精神萎靡，畏缩不前？还是笑脸相迎，化压力为动力？这是个勇士与懦夫之间的抉择。

软绵绵、黑糊糊的石墨在10万个大气压作用下，能够变成光灿耀眼的钻石，那么人可不可以在“不能承受之重”的压力下奋勇向前，取得成功呢？答案是肯定的，而且历史上不乏其人。

1597年，年轻的开普勒写成《神秘的宇宙》一书，并设计了一个有趣的、由许多有规则的几何形体构成的宇宙模型。

但是，在那个宗教神权盛行、科学卑微的年代，他遭到了天主教的辱骂、威吓和迫害，孤立无援的境地让他感觉到前所未有的压力。

与此同时，宗教裁判所也极力攻击这个哥白尼的信徒，把他的著作视为“异端邪说”，列为禁书，予以销毁，甚至威胁要处死这个异教徒。

面对贫困、疾病、教会的迫害等重重压力，开普勒不仅没有倒下，相反，他把压力当成了一种动力，在科学事业的天地里勇敢地拼搏，终于发现了行星运动的三大定律，为后人做出了不朽的贡献。

开普勒将那份巨大的压力转化成了他向科学顶峰进军的不竭动力，正是这种动力鼓舞着他不断向上，直至得到科学与真理的桂冠。

可以这样说，任何一个人的生存活动中都有压力，在压力面前，没有人是可以“免疫”的。不管我们喜欢与否，压力每天都会陪伴着我们，如果想在这个竞争激烈的社会上生存下去，那么学会变压力为动力就是一种必备的生存之道。

既然压力不可避免，我们就不妨时时让自己处于一种压力状态下，去感受生存的残酷、竞争的激烈，挺身面对压力，用自己的努力把压力转化为动力，像积压的火山终于喷发一样，发出耀眼的辉煌。

变压力为动力还要求我们追求“更好”但不崇拜“最好”，有些人总喜欢拿自己跟这个比，跟那个比，比来比去就发现自己有很多的不足，即使拼了命地追赶也仍是力不能及。久而久之，压力越来越大，以致到了无法承受的地步，因为无法时时刻刻做到“最好”，结果被别人抛在后边的时候越来越多，感受到的生存压力也越来越大。

男孩们必须清楚地认识到：在各方面都没有“最好”，只有“更好”；你不能梦想自己在每一个方面都超越别人，凡事尽自己最大努力就可以了，只有这样，才能正确地面对竞争，从容而有效地化解生存压力。

生存压力是一柄双刃剑，你不能因为剑会伤人就拒绝使用它，那样的话你在这个社会上就比别人少了一样防身的武器。我们要合理地利用这柄剑，让它在空中划出一朵朵漂亮的剑花，借着风进一步提高自己的“剑艺”，最终在社会上生存得更好！

永远进取，永不言败

进取，就是不知足，就是不满足已有的发展水平，不满足已取得的成绩。志向高大、努力向上是进取，为改变现状而奋力拼搏也是进取。一个人若是有了它，就会积极向上；一个社会有了它，就会充满活力，就会大踏步地向前发展；一个国家有了它，就会国富民强，蒸蒸日上。

当一个人的进取心势不可当的时候，他的成功便会具有必然性。比尔·盖茨认为：进取心是一个成功人士首先必须具备的品质。当一个人失去进取心时，他周围的一切都将失去光泽。

太阳神炎帝钟爱一个小女儿，名叫女娃。炎帝事情很多，每天一大早就要去东海，指挥太阳升起，直到太阳西沉才回家。

炎帝不在家时，女娃便独自玩耍。她很想让父亲带她到东海太阳升起的地方去看一看，可是父亲因为忙于公事，总是不带她去。一天，女娃一个人驾着一只小船向东海太阳升起的地方划去。不幸的是，海上起了风暴，海浪把小船打翻了，女娃被无情的大海吞没了。

女娃死了，她的精魂化作了一只小鸟，花脑袋，白嘴壳，红脚爪，发出“精卫、精卫”的悲鸣，所以，人们又叫此鸟为“精卫”。

精卫痛恨无情的大海夺去了自己年轻的生命，她要报仇雪恨。因此，她一刻不停地从她住的发鸠山上衔来一粒粒小石子或是一段段小树枝投进东海，想把大海填平。

大海奔腾着、咆哮着，嘲笑她：“小鸟儿，算了吧，你这工作就是干一百万年也休想把我填平，还是省点力气吧!”

精卫意志坚定地答复大海：“哪怕是干上一千万年，一万万年，干到宇宙的尽头、世界的末日，我也要把你填平!”

“你为什么这么恨我呢?”

“因为你夺去了我年轻的生命，你将来还会夺去许多年轻无辜的生命。我要永无休止地干下去，总有一天会把你填成平地。”

精卫说完又飞回发鸠山去衔石子和树枝。她衔呀，扔呀，成年累月，往复飞翔，从不停息。后来，精卫和海燕结成了夫妻，生出许多小鸟，雌的像精卫，雄的像海燕。小精卫和它们的妈妈一样，也去衔石填海。直到今天，它们还在做着这项工作。

这虽然是个传说，但是精卫填海的精神对于我们来说应该是一种激励。那种锲而不舍、永远进取、永不言败的精神使我们震撼。

那么，男孩该如何培养自己的进取心呢?

首先，你要做一个积极创新的人。当你认为有某一件事情应该要做的时候，就要主动去做。

其次，要不怕困难，勇往直前。有时候，我们想提出某一建议，但最终没有提出来。为什么?因为我们担心、害怕。不是担心我们不能完成那项工作，而是担心别人会说三道四，害怕别人讽刺挖苦。这些担心和害怕使我们失去了勇气，因此望而却步。

只要你勇敢地站出来，你就会受到人们的注意。更重要的是，你显示出了你的能力和抱负，还能有什么比这更让人欣喜呢？

最后，要磨炼自己坚忍的意志。

战胜自卑，超越自我

心理学认为，自卑是个体对自己能力和品质评价偏低的一种消极情感，是一种消极的自我评价。其主要表现为对自己的能力、学识、品质等自身因素评价过低；心理承受能力脆弱，经不起较强的刺激；谨小慎微，多愁善感，常产生猜疑心理；行为畏缩、瞻前顾后等。

产生自卑大致有两种原因，一是孩提时代，有自己“弱小”的感受；二是社会使一些人和事有一种过于追求完美的倾向，使很多人都有一种自愧不如的自卑感觉。还有一些实际产生自卑的原因，如从小家境不好、教育不当，或是受压抑、身心不畅，或是受蒙昧，心智未得到开发，很少有条件和机会培养自信心，以致后来在人生道路上遭受挫折和失败的打击过多，感到自我的渺小和无奈因而怀疑自己的力量，产生自卑感。

有这样一个青年朋友，大学毕业时心情振奋，自信主动，努力工作。可是，没多久他就变得情绪低落了，工作也失去了动力。他不明白：为什么刚工作时信心十足，现在为什么变得不自信了。

原来，他所在的研究室，所有的工作人员都比他学历高，不是博士就是硕士，只有他一个人是本科。所以，不论他在家里事先想得有多么好，只要一上班就“前功尽弃”，只感到浑身不自在。

究其根本是他的自卑心理在作怪。而根本原因是他在拿自己和其他同事做比较，而且，是将自己的弱项与他人的强项做比较。他认为工作能力的高低是由学历来决定的，自己学历低，就认定低人一等。本来信心十足的人却被自己的自卑打败了。他并不是输给了博士和硕士，而是输给了自己。

这种由比较而产生的自卑心理在青少年中比比皆是。如果说能力的比较尚且说明该人有上进心的话，那么，因为物质的攀比而产生的虚荣与自卑则是侵害青少年身心的一块顽疾。

有些男孩往往不顾家庭经济状况承受限度，相互攀比学习用品、衣服鞋袜、电脑，甚至金银首饰，更有的攀比是骑自行车上学，还是开摩托车上学、小轿车接送。在这样的相互攀比中，家庭条件好的自然占了上风，他们成了大家羡慕的“贵族子弟”，这一倾向反过来又导致这些“贵族子弟”产生高人一等的优越感，更加追求物质享受，慕虚荣、贪浮华。一些家庭条件较差的男孩，他们又不知道该如何正确对待，心中就会滋生另一种感觉——自卑感，于是觉得样样不如人，容易形成胆怯、孤僻的不正常心态。

男孩都应该明白，在自己的成长过程中，父母投入了多少精力和汗水，为了培养自己茁壮成长，父母付出了怎样的劳苦和艰辛。你不能为了满足自己的一时物欲而增加父母肩上的重担，更不能为物欲所蒙蔽走向自卑的深渊。

你也许家庭经济状况不好，但在这种状态下不是可以更有效地锻炼我们吃苦耐劳的品质吗？

陈景润出生在兄弟姐妹众多的大家庭中，他在家中是一位很不起眼的孩子，加之家中生活贫寒，父母不可能为他创造良好的学习条件，也无暇对他进行特别的管教。陈景润虽然生活上是贫困的，但精神世界却是宽松的，他享有充分自由的空间，他那特殊的气质，在这自由的空间中得到了天然的滋长，这对他来说是极其重要的。

你的先天条件也许有瑕疵，不甚完美，但一颗平淡乐观的心会让你发现另一份美丽的奇迹。

每个人都会有感到自卑的时候，然而有的人因自卑而成功，有的人却因自卑而一败涂地。究其原因，就看自卑在你前进的过程中充当的角色是动力还是阻力。

超越自卑走向成功的例子，在世界知名人物中比比皆是：法国伟大的启蒙思想家、文学家卢梭，曾为自己是孤儿，从小流落街头而自卑。存在主义大师、作家萨特，两岁失父，一眼斜视，一眼失明，失去亲情与身体的残疾使他产生极重的自卑。法国第一帝国皇帝、政治家、军事家拿破仑年轻时曾为自己的矮小和家庭贫困而自卑。美国英雄总统林肯出身农庄，9岁失母，只受了1年学校教育就下田劳动，林肯曾深深为自己的身世而自卑。日本著名企业家松下幸之助，4岁家败，9岁辍学谋生，11岁亡父，自卑一直是他奋进的动力。

获诺贝尔化学奖的法国科学家维克多·格林尼亚却是从另一种自卑走向成功的。格林尼亚出生于一个百万富翁之家，从小过着优裕的生活，养成了游手好闲、摆阔逞强、盛气凌人的浪荡公子恶习。直到一次重大的打击改变了他的习性。

一次午宴上，他对一位从巴黎来的美貌女伯爵一见倾心，像见了其他漂亮女人一样追上前去。此时，他只听到一句冷冰冰的话："……请站远一点，我最讨厌被花花公子挡住视线！"女伯爵的冷漠和讥讽，第一次使他在众人面前羞愧难当。突然间，他发现自己是那样渺小，那样被人厌弃，一种油然而生的自卑感使他无地自容。

他满含耻辱地离开了家，只身一人来到里昂，在那里他隐姓埋名，发愤求学，进入里昂大学插班就读，并断绝一切社交活动，整天泡在图书馆和实验室里。这样的钻研精神赢得了有机化学权威菲利普·巴尔教授的器重。在名师的指点和他自己长期努力下，他发明了"格式试剂"，发表了200多篇学术论文，被瑞典皇家科学院授予1912年度诺贝尔化学奖。

如果自卑是前进途中的一块巨石，你不能一步将其跨越，那么就尝试着慢慢将它消融，在内心里建立起自信心。

男孩的成长需要过程，在扫除自卑障碍的同时，你不妨将自己的兴趣、爱好、才能、专长全部列在纸上，这样你就可以清楚地看到自己所拥有的东西。另外，你也可以将做过的事制成一览表。譬如，你会写文章，记下来；你善于谈判，记下来；另外，你会打字、你会弹奏几种乐器、你会修理机器等，你都可以记下来，知道自己会做哪些事，再去和同年龄其他人的经验做比较，你便能了解自己的能力程度。

要塑造全新的自我，便要拒绝从你的“心理银行”中提取不愉快的思想。当你在回想任何情形时，集中精力想好的方面，忘却不愉快的事。如果发现你在想某些不好的事情，要赶快全面转换你的思路。

生活中总会有一些重大而又令人振奋的事情的。你的大脑渴望摆脱噩梦，如果你愿意振作，你的令人不愉快的记忆将渐渐枯萎，最终你“记忆银行”的“出纳”会把它们删除。

为了战胜自卑，重新树立自信心，男孩还可以在生活中经常地给自己一些积极的心理暗示。肯定的语言可以使我们精神振奋，干劲十足。相信“人生没有过不去的坎”。人难免遇到失败，可是多数人一遇到失败，就会变得心灰意冷，人们常常会“一朝被蛇咬，十年怕井绳”。这是挫折感在作祟。每天给自己一个笑脸，相信“天生我材必有用”，相信这将是开心、快乐、充足的一天。

变更心境就能够变更生活

著名的思想家爱默生说过：“真正的快乐不见得是愉悦的，它多半是一种胜利。”是的，快乐来自一种成就感，一种超越困境、挫折的胜利，一次用积极心态战胜消极情绪的经历。

身处逆境，积极乐观的人，看到什么都是明媚的，而悲观的人看什么都是暗淡的。即使是悲观的人，如果肯动手去创造，也会发现太阳并不总是被乌云遮住的。

企业家卡尔森原是一个身无分文的穷光蛋，但是他从没对自己有一天能成为富翁产生过怀疑。即使在一种十分被动和不利的条件下，他依然能够顽强进取，积极寻找成功的机会。

有一次，卡尔森发现了一个商机，于是他借来钱办了一个制造玩具的小沙漏厂。沙漏是一种古董玩具，它在时钟未发明前用来测每日的时辰；时钟问世后，沙漏已完成它的历史使命，而卡尔森却把它作为一种古董来生产销售。

本来，沙漏作为玩具，趣味性不多，孩子们自然不大喜欢它，因此销量很小。但卡尔森一时找不到其他比较适合的工作，只能继续干他的老本行。沙漏的需求越来越少，卡尔森最后只得停产。但他并不气馁，他完全相信自己能够战胜眼前的困难，于是他决定先好好休息，轻松一下，他便每天都找些娱乐，看看棒球赛，读读书，听听音乐，或者领着妻子、孩子外出旅游。但他的头脑一刻也没有停止开拓的思考。机会终于来了，一天，卡尔森翻看一本讲赛马的书，书上写道："马匹在现代社会里失去了它运输的功能，但是又以高娱乐价值的面目出现。"在这不引人注目的两行字里，卡尔森好像听到了上帝的声音，高兴地跳了起来。他想："赛马骑用的马匹比运货的马匹值钱。是啊！我应该找出沙漏的新用途！"

就这样，从书中偶得的灵感，使卡尔森精神重新振奋起来，把心思又全都放到他的沙漏上。经过几天苦苦的思索，一个构思浮现在他的脑海：做个限时3分钟的沙漏，在3分钟内，沙漏里的沙子就会完全落到下面来，把它装在电话机旁，这样打长途电话时就不会超过3分钟，电话费就可以有效地控制了。

想好了后，他就开始动手制作。这个东西设计上非常简单，把沙漏的两端嵌上一个精致的小木板，再接上一条铜链，然后用螺丝钉钉在电话机旁就行了。不打电话时还可以作为装饰品，看它点点滴滴落下来，虽是微不足道的小玩意，却能调剂一下现代人紧张的生活。

担心电话费支出的人很多，卡尔森的新沙漏可以有效地控制通话时间，售价又非常便宜。因此一上市，销路就很不错，平均每个月能售出3万个。这项创新使原本没有前途的沙漏转瞬间成为对生活有益的用品，销量成倍地增加，面临倒闭的小作坊很快变成一个大企业。卡尔森也从一个即将破产的小业主摇身一变，成了腰缠亿贯的富豪。卡尔森成功了，赚了大钱，而且是轻轻松松，没费多大力气。可是如果他不是一个心态积极的人，如果他在暂时的困难面前一蹶不振，那么他就不可能东山再起，成为富豪。

可见，决定一个人成功的因素不只是他的能力，还要看他是否能够始终乐观地看待自己周围的事物、身处的境地，看他在身处逆境时是否依然能够积极乐观地寻找改变逆境的办法。

一位成功学专家说过，你不可以改变一件已经变糟的事情，但你可以选择快乐地对待它，这样，无论你遭遇什么，你都能够在其中发现乐趣。

彼得拿着刚买的一支牛奶冰激凌，一边走一边吃，感到十分快乐。忽然一不小心，整支冰激凌掉在了地上，和泥沙混在一起。

彼得愣愣地待在那里，一句话也说不出来，只是睁大了眼睛呆呆地看着掉在地上的冰激凌。

这时，有个老太太走过来，对彼得说："好吧，既然你碰到这样坏的遭遇，脱下鞋子，我给你看一件有意思的事情！"

老太太说："光脚踩冰激凌，重重地踩，看冰激凌从你脚趾缝隙中冒出来。"彼得照着她的话去做。

老太太高兴地笑："我敢打赌，这里没有一个孩子尝过脚踩冰激凌的滋味！现在跑回家去，把这有趣的经验告诉你妈妈。"

接着，老太太说："要记住！不管遭遇什么，你总可以在其中找到乐趣！"

这件事使彼得很受启发，他很快学会了这种处事原则。

不久后的一天午后，一场大雨在地面上形成了坑坑洼洼的小水坑。彼得的妈妈带着他，小心翼翼地避开人行道上的积水。不料，一辆计程车从身边疾驶而过，将两人的身上溅满了水。

彼得的母亲很生气，旁边的彼得却兴奋地对妈妈说："遇水则发，这是好兆头，我们要发了。"

正在生气的母亲听到这样可爱的童言稚语，也不禁莞尔一笑，两人快快乐乐地踩着积水回家了。

这个小故事的意义十分深刻：如果你不满意自己的现状，想力求改变它，那么首先应该改变的是你自己，如果你有了积极的心态，能够积极乐观地改善自己的环境和命运，那么你周围所有的问题都会迎刃而解。

每天送给自己一个希望

希望在任何时候都是一种支撑生命的力量。如果我们不放弃心中的希望，那么苦难都会被我们克服。第二次世界大战时期，在纳粹集中营里，一个叫安的犹太女孩写过这样一首诗：

这些天我一定要节省，虽然我没有钱可节省
我一定要节省健康和力量，足够支持我很长时间
我一定要节省我的神经我的思想我的心灵和我精神的火
我一定要节省流下的泪水
我需要它们安慰我
我一定要节省忍耐，在这些风暴肆虐的日子
在我的生命里我有那么多需要
情感的温暖和一颗善良的心
这些东西我都缺少
这些我一定要节省
这一切，上帝的礼物，我希望保存
我将多么悲伤
倘若我很快就失去了它们

即使在随时都可能死去的时候，安仍然热爱着生命。她节省泪水，节省精神之火，用稚嫩的文字给自己弱小的灵魂取暖，用坚韧的希望照亮黑暗的角落。

很多人在绝望中死去，而这个当时只有12岁的小女孩安，终于等到了二战结束，看见了新生的曙光。

希望是什么？是引爆生命潜能的导火索，是激发生命激情的催化剂。每天给自己一个希望，我们将活得生机勃勃、激昂澎湃，哪里还有时间去叹息、悲哀，将生命浪费在一些无聊的小事上呢？

每天给自己一个希望，我们就能够充满士气地面对自己的生活，而不是将时间花费在无尽的悲哀和苦闷上，生命有限但希望无限，每天给自己一个希望，我们就能够拥有一个丰富多彩的人生。

有一位医生医术精湛，生活幸福美满，但不幸的是，在某一天，身体一向很健康的他却被诊断患有癌症。这对他可谓当头一棒。他一度情绪低落。最终他不但接受了这个事实，而且他的心态也为之一变，变得更宽容、更谦和、更懂得珍惜所拥有的一切。在勤奋工作之余，他从没有放弃与病魔搏斗。

就这样，他平安度过了好几个年头。有人惊讶于他的事迹，就问他是什么神奇的力量在支撑着他。这位医生笑盈盈地答道："是希望，几乎每天早晨，我都给自己一个希望，希望我能多救治一个病人，希望我的笑容能温暖每个人。"这位医生不但医术高明，做人的境界也很崇高。

希望来自于一颗乐观豁达的心，心怀希望的人，无论自己面临多么恶劣的环境，都能够对未来充满希望。

在美国有一所小学，据统计，该校毕业生在当地警察局的犯罪记录最低，这是为什么？一位研究者通过对该校毕业生的问卷调查，得到了一个奇怪的答案——因为该校的学生都知道铅笔有多少种用途。

在这所学校，新生入学后接受的第一堂课就是：一支铅笔有多少种用途。在课堂上，孩子们明白了铅笔不仅有写字这种最普通的用途，必要时还能用来做尺子画线；作为礼品送人表示友爱；当作商品出售获得利润；笔芯磨成粉后可做润滑粉；演出时也可临时用于化妆；削下的木屑可以做成装饰画；一支铅笔按相等的比例锯成若干份，可以做成一副象棋，可以当作玩具车的轮子；在野外探险时，铅笔抽掉芯还能被当成吸管喝石缝中的泉水；在遇到坏人时，削尖的铅笔还能当作自卫的武器……

通过这一课，学生们懂得了：拥有眼睛、鼻子、耳朵、大脑和手脚的人更是有无数种用途，并且任何一种用途都足以使一个人生存下去。这种教育的结果是，从这所学校毕业的学生，无论他们的处境如何，都生活得非常快乐，因为他们永远对未来充满希望。

一支小小的铅笔有无数种用途，它可以用来画线，做礼品，做润滑粉，甚至还可以用来自卫。同样，我们身体的每一个部分，比如眼睛和耳朵也有许多用途，其中任何一种用途都可让我们生存下去。明白了这个道理，无论处境如何，我们都可以保持积极乐观的心态。

多给自己积极的心理暗示

约翰·伍登在自己40年的教练生涯中，他所带领的高中和大学球队获胜的概率在80%以上，在全美12年的篮球年赛当中，他所带领的球队曾替加州大学洛杉矶分校赢得10次全国总冠军。如此辉煌的成绩，使伍登成为大家公认的有史以来最称职的篮球教练之一。

曾经有记者问他："伍登教练，请问你如何保持这种积极的心态？"

伍登很愉快地回答："每天我在睡觉以前，都会提起精神告诉自己：我今天的表现非常好，而且明天的表现会更好。"

"就只有这么简短的一句话吗？"记者有些不敢相信。

伍登惊讶地问道："简短的一句话？这句话我可是坚持了20年！重点和这句话简短与否没关系，关键是在于你有没有持续去做，如果无法持之以恒，就算是长篇大论也没有帮助。”

伍登教练不仅在工作中时刻保持积极的心态，在生活中他也是一个积极乐观的人。例如有一次他与朋友开车到市中心，面对拥挤的车潮，朋友感到不满，继而频频抱怨，但伍登却欣喜地说：“这里真是个热闹的城市。”

朋友好奇地问：“为什么你的想法总是异于常人？”

伍登回答说：“一点都不奇怪，我是用心里所想的事情来看待，不管是悲是喜，我的生活中永远都充满机会，这些机会的出现不会因为我的悲或喜而改变，只要不断地让自己保持积极的心态，我就可以掌握机会，激发更多的潜在力量。”

积极的心态能够催人上进，激发人潜在的力量。时刻鼓励自己，给自己积极的暗示，有助于我们走出困境，保持积极进取的精神。

积极心态导向成功的人生。消极心态只能给人带来失败和沮丧。心理学家认为，任何人都能拥有积极的心态、乐观的精神。天生悲观或者正深陷消极情绪的人，通过学习以及自我调控也能拥有乐观积极的心态。首先，男孩要学会控制情绪反应。留意并积累生活和工作中的各种经验，尽量使它们都能带给你正面情绪。你还可以有意识地结交心态积极乐观的人，像他们一样养成从任何事中寻找事物积极因素的习惯，直到它成为你的本能。

思维方式也是有惯性的，也许开始时，你需要勉强自己才能做到乐观。但当这种思考方式养成习惯时，你就能自然而然地变成一个积极开朗、乐观豁达的人，总能看到事情光明的一面。

第十章 独立自主——男孩走向成功的基石

自立是生存的开始

自立是生存的开始。如果一个人总是依靠别人的搀扶才能够行走，总是要靠别人的指点才能够行动，那么这个人一旦失去了别人的帮助，就没有独立生存下去的能力。

一群小狐狸稍稍长大后，狐狸妈妈便“逼”它们离开家。曾经很护崽的狐狸妈妈忽然像发了疯似的，就是不让小狐狸们进家，又咬又赶，非要把它们都从家里撵走。最后小狐狸们只好依依不舍地去开始自己的独立生活。多么冷酷的心理断奶！但这又是多么理智的生存教育啊！我们也应该像狐狸妈妈对待小狐狸那样来对待自己。

比尔·克林顿7岁的时候，家里在温泉城外买了一个小农场，并且还雇佣了一名女佣。比尔的家庭并不富裕，但是雇女佣是霍普人的传统。每当克林顿的母亲到医院去上班，女佣便负责照料克林顿和弟弟罗杰的起居和生活。但克林顿却几乎不用女佣照料，一切都试着自己去做。不仅如此，他还常常主动去照顾弟弟罗杰，陪他玩耍，哄他入睡。母亲回忆说，不是谁要克林顿那样去做，而是克林顿常常抢着去做女佣该做的事情，“完全负起了责任”。这有时令女佣感到非常为难。

女佣玛丽对克林顿的优良品行和高度责任心十分赞叹，断定克林顿将来必成大器。她说自己很早就发现克林顿跟别的孩子不同。他对人友善、礼貌，而且有很强的责任心和领导力。学校中的一些小伙伴常常围着他转，他俨然是他们当中的“头”。回到家里，他不用别人督促，便会井井有条地把该干的事情干好。

克林顿之所以能够成为美国总统，有很大一部分原因得益于他在很小的时候就树立了独立自主的精神，凡事都试着自己去做。在家庭中，孩子应受到作为个人所应受到的尊重。成年后，他们对自己的生活和前途有选择的权利和自由，从而对自己的遭遇，不论好坏都由自己负责。父母只能起“咨询作用”，不能为儿女代为安排个人的事宜。成年儿女一般都自立门户，独立生活。

在美国的一些大学生中，尽管父母有钱，也不愿仰仗他们。毕业后找不到合适的工作，用不上专业特长，宁可降格以求，大材小用，目的是要有工作，自己挣钱独立生活。

这些大学生中，自力更生、勤工俭学的占较大比例。学生在学校里“打工”，维护环境卫生等，收取一定报酬。他们并不以干各种杂工为耻，都能尽职做好。因而美国的大学生当临时工的不少，他们养成了劳动习惯，增长了社会知识，还学会了某些技能，也解决了部分学习费用。

自立是男孩准备面向未来的重要素质，也是他们迈向成熟的第一步。在生存的道路上，自立是最开始的准备工作。

俗话说，“总在窝里的鹰永远也不会飞”，要做到自立自强，有时候就要对自己有一股“狠”劲儿，要逼着自己经历风吹雨打，哪怕冻得牙关紧咬；要扛起最重的担子，哪怕压得气喘吁吁。

王明是一位博士，他对“穷人的孩子早当家”这句话有着深刻的体会。王明幼时的家境不太好，因此，从小的时候，父母就教他洗衣、做饭，当时他很不开心。上初中时，母亲生病住院，父亲忙得不可开交，他就自己照顾自己，有时还能给父母做饭。从那以后，他知道了生活自理对

一个男孩的重要。直到最终事业有成，他一直坚持自己的事自己做。

自立是生存的开始。如果我们要在生活中自立，就要养成自理的好习惯，自己能做好的事一定要靠自己的力量做好，因为我们迟早要独自面对这个社会。如果说长辈的呵护是一篓鲜嫩的鱼，那么自理就是一根鱼竿。鱼总有吃完的时候，你只有得到钓鱼的鱼竿，才能保证你未来的生活衣食无忧。

然而，在现在的男孩朋友中，具有自理能力的实在太少了。

一位北京某大学的新生，从小就被父母娇生惯养，考取大学后，因缺乏独立生活的能力而被迫离开梦寐以求的学府。

根据中国青少年研究中心“中国城市独生子女人格发展状况调查”显示，20.4％的青少年明确表示“缺少生活自理能力”；18.3％的青少年“做事依赖别人”；28％的青少年“很少帮助家长干活”。

国内有一位著名的青少年教育专家曾忧心忡忡地说，青少年在父母如此“周到”的服务、如此“严密”的保护中，自理行为大大减少，对成年人依赖性越来越强。很多男孩都将父母的呵护当作“拐杖”，可是却没有想过，一旦离开了“拐杖”，自己就寸步难行。

男孩将来面对的竞争，绝不仅仅是知识和智能的较量，而是综合能力的较量。没有自理的能力，你将在起跑线上就满盘皆输。因此，从小培养自己的自理能力，是每个杰出男孩必须具备的素质要求。

男孩可以通过以下几种途径培养自己的自理能力：

首先，要养成自理生活的意识。

我们缺乏培养自理能力的意识主要有两方面的原因：一方面是娇惯自己，不愿意让自己“受苦”，怕自己不小心磕着或碰着。另一方面是父母怕麻烦，有些父母说：“有教孩子做事情的那些时间，自己也就替他做好了。”其余的事情包括力所能及的事都不用做，从而剥夺了他们生活自理的机会。当今独生子女缺乏自理能力普遍是由于上述原因。

事实上，这种完全忽略自理能力培养的心态，既害了孩子，也害了父母。因此，强化培养自理能力的意识是很有必要的。

其次，要养成自己动手的习惯。

在训练自理能力的时候，除了训练自己管理自己的日常生活以外，还要特别强调训练自己学做家务。如让你自己做早点、洗袜子、拿牛奶、买东西等。同时，可以要求父母对你提出切合实际的要求并做出具体的技术性指导，即使是洗手帕、洗碗碟或收拾房屋也要注意这一点。

最后，要正确地对待自己的错误。

有时候，由于年龄小，认识水平不高，考虑问题不周全，力气小，在做事的过程中，难免会出现一些失误。不要指责自己，更不能惩罚自己，对于有失误的地方，要分析原因，找到问题所在，以提高操作的技能和水平。这样，既能保护自己自理生活的自觉性、积极性，培养良好的心理品质；又能逐步走向成熟，不断提高自己的认识水平和自理生活能力。

如果你总是做得不好，也切不可性急，更不能灰心沮丧，自我否定。要以激励为主，肯定自己做得好的方面，在此基础上找出不足之处，从而为下一次避免失误找到方法。这样做，不仅可以锻炼自理能力，而且极大地增强了自信心，将对促进身心发展产生积极作用。

自食其力才能赢得尊严

一年冬天，美国加州的一个小镇上来了一群逃难的流亡者。长途的奔波使他们一个个满脸风尘，疲惫不堪。善良好客的当地人家家生火做饭，款待这群逃难者。镇长约翰给一批又一批的流亡者送去粥食，这些流亡者，显然已好多天没有吃到这么好的食物了，他们接到东西，个个狼吞虎咽，连一句感谢的话也来不及说。

只有一个年轻人例外，当约翰镇长把食物送到他面前时，这个骨瘦如柴、饥肠辘辘的年轻人问："先生，吃您这么多东西，你有什么活儿需要我干吗?"约翰镇长想，给一个流亡者一顿果腹的饭食，每一个善良的人都会这么做。于是他说："不，我没有什么活儿需要您来做。"

这个年轻人听了约翰镇长的话之后显得很失望，他说："先生，那我便不能随便吃您的东西，我不能没有经过劳动，便平白得到这些东西。"约翰镇长想了想又说："我想起来了，我家确实有一些活儿需要你帮忙。不过，等你吃过饭后，我就给你派活儿。"

"不，我现在就做活儿，等做完您的活儿，我再吃这些东西。"那个青年站起来。约翰镇长十分赞赏地望着这个年轻人，但他知道这个年轻人已经两天没有吃东西了，又走了这么远的路，可是不给他做些活儿，他是不会吃下这些东西的。约翰镇长思忖片刻说："小伙子，你愿意为我捶背吗?"那个年轻人便十分认真地给他捶背。捶了几分钟后，约翰镇长便站起来说："好了，小伙子，你捶得棒极了。"说完就将食物递给年轻人，他这才狼吞虎咽地吃起来。约翰镇长微笑地注视着那个青年说："小伙子，我的庄园太需要人手了，如果你愿意留下来的话，那我就太高兴了。"

那个年轻人留了下来，并很快成为约翰镇长庄园的一把好手。两年后，约翰镇长把自己的女儿詹妮许配给了他，并且对女儿说："别看他现在一无所有，可他将来百分之百是个富翁，因为他有尊严!"

果然不出所料，20 多年后，那个年轻人真的成为亿万富翁了，他就是赫赫有名的美国石油大王哈默。哈默穷困潦倒之际仍然有自尊、自立的精神，赢得了别人的尊敬和欣赏，也为自己带来了好运。

一个人只有自立才能为自己赢得尊严。一个在穷困中仍然能够保持自立精神、不依靠别人的施舍生活的人，最终必将获得人生的成功。

靠别人的施舍或者资助而生活的人，无法赢得别人的尊重，而他本人也体会不到劳动的价值和快乐。一个人只有自食其力才能够为自己赢得尊严，因此，男孩要摆脱依赖他人的想法，尝试着用自己的双手来养活自己。

学会自己拿主意

男孩要培养独立自主的人格，就要学会遇事自己拿主意，而不是处处依赖父母，让他们替自己出主意、做主张。

“老师让我去报名参加那个拼写竞赛。”10 岁的王勇一回到家就告诉父母。

“太好了，你已经去报名了吗?”

“还没有呢。”“为什么？宝贝。”父母关心地问。

“我有点害怕，台下可能会有许多人看着。”王勇很激动，他在家一向是个听父母话的孩子，在学校平时也不爱多说话，但是学习成绩很好。

“我想你还是先报个名吧，你可以很好地锻炼自己。不过这事儿你还是得自己决定。”父母离开了王勇的屋子。

过了两天之后，王勇学校的老师打来电话，让王勇的父母说服王勇去报名参加拼写竞赛。

王勇回到家后，父母又跟他谈了话，父母对他说：“首先，我们并不是强迫你一定报名，这件事还是你来做决定，但是我们可以谈谈关于参加竞赛的利弊。参加竞赛可以锻炼自己的意志，锻炼自己的智力，还能增强自己的信心。比赛赢了更好，没有得名次，也是无关紧要的，我们不在乎。因为你在我们心目中是很有能力的孩子，这点并不需要用竞赛的名次来证明。”

父母又对他说：“老师打电话来说，他也很相信你的能力。我们对你的比赛结果都并不太关心，关心的只是你是不是想用这一机会去锻炼自己。”

有这样开明的父母鼓励和支持，最后王勇还是去报名了。

王勇的父母知道王勇很聪明，只是他太胆小了。他不敢想象如果自己站在台上面对那么多的观众拼写单词会是一种什么样的感觉。他的父母很想让王勇见一见世面，让他走向自己的生活，而这就是一个很好的机会。还有，父母想让王勇通过这一机会来证明他自己的能力，也好好地锻炼自己的胆量，发现自己的一些潜力，明白自己只是有些胆怯，需要自己的父母加油，同时，又能够消除掉非要得一个名次的压力。

王勇的父母对王勇充满了信心，但是他们并不催促王勇，而是让他自己来做这一决定。

通过这件事，王勇增强了自己的独立性和勇气，而父母则很满意自己鼓励了王勇，使他没有失去一个很好的锻炼自己的机会。

独立就意味着要男孩遇事能够学会自己拿主意，要敢于坚持自己的想法，而不是总让别人替自己出主意或者是受别人言论的影响。明朝人吕坤特别反对这种做事没主心骨，也就是没主见，只是“依违观望，看人言为行止”的做人毛病。他说，如果做事先怕人议论，做到中间一有人提出反对意见，就不敢再做下去了，这不仅说明这个人没有“定力”，也说明其没有“定见”。没有定见和定力，就不是一个独立自主的人。

吕坤说，做人做事，首先要能独立思考，辨明是非，选择正确的立场观点。吕坤进一步说，每个人的想法都不会完全一致，我们不能要求人人的看法都与自己相同。因此我们做事要看我们想达到的目标效果，而不要过于顾虑事前一些人的议论；等你事情做好了，那些议论自然也止息了。即使事情没做成，但只要是正确的，也就是应当做的，论不得成败。

意大利著名女影星索菲亚·罗兰就是一个能够坚持自己的想法的人。她16岁时来到罗马，要圆她的演员梦。但她从一开始就听到了许多不利的意见。用她自己的话说，就是她个子太高、臀部太宽、鼻子太长、嘴太大、下巴太小，根本不像一般的电影演员，更不像一个意大利式的演员。

制片商卡洛看中了她，带她去试了许多次镜头，但摄影师们都抱怨无法把她拍得美艳动人，因为她的鼻子太长、臀部太“发达”。卡洛于是对索菲亚说，如果你真想干这一行，就得把鼻子和臀部“动一动”。索菲亚可不是个没主见的人，她断然拒绝了卡洛的要求。她说：“我为什么非要长得和别人一样呢？我知道，鼻子是脸庞的中心，它赋予脸庞以性格，我就喜欢我的鼻子和脸保持它的原状。至于我的臀部，那是我的一部分，我只想保持我现在的样子。”

她觉得不是靠外貌而是应该靠自己内在的气质和精湛的演技来取胜，她没有因为别人的议论而停下自己奋斗的脚步。她成功了，那些有关她“鼻子长、嘴巴大、臀部宽”等议论都消失了，这些特征反倒成了美女的标准。索菲亚在20世纪即将结束时，被评为这个世纪的“最美丽的女性”之一。

索菲亚·罗兰在她的自传《爱情与生活》中这样写道：“自我开始从影起，我就出于自然的本能，知道什么样的化妆、发型、衣服和保健最适合我。我谁也不模仿。我从不去奴隶似的跟着时尚走。我只要求看上去就像我自己，非我莫属……衣服的原理亦然，我不认为你选这个式样，只是因为伊夫·圣罗郎或第奥尔告诉你，该选这个式样。如果它合身，那很好。但如果还有疑问，那还是尊重你自己的鉴别力，拒绝它为好……衣服方面的高级趣味反映了一个人的健全的自我洞察力，以及从新式样选出最符合个人特点的式样的能力……你唯一能依靠的真正实在的东西……就是你和你周围环境之间的关系，你对自己的估计，以及你愿意成为哪一类人的估计。”

索菲亚·罗兰谈的是化妆和穿衣一类的事，但她却深刻地触到了做人的一个原则，就是凡事要有自己的主见，要学会自己拿主意，而“不去奴隶似的”盲从别人。

心理学家认为，一个具有健康人格的人是自由的人，而自由主要体现在这个人能够自主地、有选择地支配自己的行为。这种自主感不是凭空产生的，其中很大一部分来自少年期对自由支配时间的体验。创造自己的自主空间，可以从下面几方面做起：

(1) 遇事先自己拿主意。遇事先想该怎么办，自己做主，然后再听取父母的意见，从中学到解决问题的经验和技巧，这样才能使智力有所增长，培养自主的能力。

（2）尝试着培养独立思考的能力。允许自己独自在一定的限度内犯错误，甚至允许做错，但要学会从小独立思考和自我服务。

（3）当你充满信心去实践自己的主张时，不要太依赖外部的帮助。当你遇到困难时，不要轻易向父母求援或接受他们的帮助，随着你的长大和成熟，既要培养自己的责任心，又要有越来越多的独立性，你可以逐渐减少对父母的依赖和对他们的约束和服从，有更多的自由去管理自己的事情。

（4）学会从小自己做决定。一旦做出决定，就必须意识到要对选择后果负责任。比如，一个男孩如果在他得到一星期的零花钱的第一天就把它花光了，那么他就必须尝尝那个星期其余几天没有钱的滋味。自主能力往往都是在几次成功与失败的过程中树立起来的，不要太在意失败。

每个人心头都隐伏着一头雄狮

有则谚语说：每个人的心中都隐伏着一头雄狮。这道出了一个真理：每个人都可以成功。只要我们相信自己的力量，充分发挥自身的潜能，每个人都可以大有作为。

自信心是一个人取得成功的内在驱动力。它能够使弱者变强，强者更健。只有自信的人才有可能在成功的路上健步如飞，而缺乏自信的人则一定是步履蹒跚者。美国作家爱默生说得好："自信是成功的第一秘诀，自信是英雄主义的本质。"对于男孩来讲，在内心树立起自信，用自信激发出自己内在的勇气和雄心，是他们迈向成功人生的第一步。

20世纪30年代，在英国一座普通的小城里，有一个叫玛格丽特的姑娘，从小就在父亲严格的管教下成长。父亲经常向她灌输这样的观点：无论做什么事情都要力争一流，永远走在别人前头，而不能落后于人。"即使是坐公共汽车，你也要永远坐在前排。"父亲从来不允许她说

“我不能”或者“太难了”之类的话。

父亲这种近乎残酷的教育理念，培养出了玛格丽特积极向上的决心和信心。在以后的学习、生活或工作中，她时时牢记父亲的教导，总是抱着一往无前的精神和必胜的信念，尽自己最大的努力克服一切困难，做好每一件事情，事事必争一流，以自己的行动实践着“永远坐在前排”的誓言。

玛格丽特上大学时，学校要求学 5 年的拉丁文课程，她凭着自己顽强的毅力和拼搏精神，仅在一年之内便修完了。令人难以置信的是，她的考试成绩竟然名列前茅。玛格丽特不光学业优秀，她在体育、音乐、演讲等方面也都出类拔萃。当年她所在学校的校长评价她说：“她无疑是我们建校以来最优秀的学生，她总是雄心勃勃，每件事情都做得很出色。”

正是在这种“永远都要坐在前排”精神的激发下，40 多年以后，玛格丽特成为英国乃至整个欧洲政坛上一颗耀眼的明星。她连续 4 年当选保守党领袖，并于 1979 年成为英国第一位女首相，她雄踞政坛长达 11 年之久，被世界政坛誉为“铁娘子”。

“永远都要坐在前排”是一种积极、自信的人生态度，它可以激发你积极进取的精神，促使你努力把梦想变成现实。

林肯总统说过，喷泉的高度不会超过它的源头，一个人的事业也是一样，他的成就不会超过自己的信念。如果你想像玛格丽特那样取得骄人的成就，就不能轻视自己的信心，以小人自甘。要在内心树立起自信，抛弃无所作为、甘居下游的想法，充满信心地去施展自己的才华。

一个懦夫想摆脱自己软弱的个性，让自己变得勇敢起来，就报名参加了“杀兽”学校。这所学校专门培养人的能力和胆量，使人敢于拿起剑去杀死吞食少女的怪兽。校长是有名的魔法师莫里。莫里对懦夫说：“你不必担心，我给你一支魔剑，此剑魔力无边，可以对付各种凶恶的怪兽。”培训中这位懦夫使用魔剑杀死了很多条模拟的怪兽。

结业考试时，他将面对真的吞食少女的怪兽了。不料冲到山洞口，怪兽伸出头露出狰狞面目时，他抽出剑，却发现拿错了剑，魔剑丢在了学校，手中的剑只是平日玩用的。这时后退已不可能，那样只会被怪兽吞食。他挥动那把普通的剑，居然杀死了怪兽。莫里校长会心地笑了，他说："我想你现在已经知道了没有一支剑是魔剑，唯一的魔法在于相信你自己。"

这则寓言说明了这样一个道理：每个人都有创造奇迹的魔力，只要你相信自己，真正的魔剑就在你的内心。生活中，我们难免会有畏难和退缩的时候，在巨大的困难和压力之下，我们常常会背上沉重的心理包袱，甚至会因此而丧失自信，这个时候你就要勇敢地站出来，直面困难，相信自己的能力，这样，困难就不会成为你成功的障碍。

著名的成功学大师拿破仑·希尔说过："成功并不是少数人的专利，每个人的出生都是为了成为一个成功者。"只要你能够在自己的内心树立起自信，你就能和所有的伟人和成功者一样，拥有卓越的人生。

信念是所有奇迹的萌发点

在这个世界上，信念这种东西任何人都可以免费获得。成功的人，最初都是从一个小小的信念开始的——信念就是所有奇迹的萌发点。

信念是一个人成功的动力，是造就人生奇迹的伟大力量。如果你想了解奇迹背后是什么的话，请你阅读一下下面这个美国小男孩的故事。

这名小男孩的父母希望他们的儿子能成为一位体面的医生。可是，男孩的读到高中便被计算机迷住了，整天鼓捣着一台十分落后的苹果机，他把计算机的主机拆下又装上，每天沉迷于此。

男孩的父母很伤心，告诉他，应该用功念书，否则根本无法立足社会，可是，男孩说："有朝一日我会开一家公司的。"但是，父母根本不相信，还是千方百计按自己的意愿培养男孩，希望他能成为一位医生。

不久，男孩终于按照父母的意愿考入了一所医科大学，可是他只对电脑感兴趣。在第一学期，他从当地零售商处买来降价处理的 IBM 个人电脑，在宿舍里改装升级后卖给同学。他组装的电脑性能质量十分优良，而且价格便宜。不久他的电脑不但在学校里走俏，而且连附近的律师事务所和许多小企业也纷纷来购买。

第一个学期快要结束的时候，他告诉他的父母，他要退学，父母坚决不同意，只允许他利用假期推销电脑，并且承诺，如果一个夏季销售不好，那么，必须放弃电脑。可是，男孩的电脑生意就在这个夏季突飞猛进，仅用了一个月的时间，他就完成了 1.8 万美元的销售额。

他的计划成功了，父母很遗憾地同意他退学。

他组建了自己的公司，打出了自己的品牌。在很短的时间内，他良好的商业成绩引起投资家的关注。第二年，公司顺利地发行了股票，他拥有了 1800 万美元资金，那年他才 23 岁。10 年后，他创下了类似于比尔·盖茨般的神话，拥有资产 43 亿美元。他就是美国戴尔公司总裁迈克尔·戴尔。比尔·盖茨曾经亲自飞赴他的住所美国奥斯汀向他祝贺。比尔·盖茨对他说：“我们都坚信自己的信念，并且对这一行业富有激情。”两位商业巨人的手紧紧地握在一起。

戴尔的成功告诉我们，每项奇迹都是始于一种伟大的想法。或许没有人知道今天的一个想法将会走多远，但是，我们不要怀疑，只要静下心来，努力去做，那么心中的梦想就会触手可及。

信念好比航标灯射出的明亮的光芒，在朦胧浩瀚的人生海洋中，牵引着人们走向辉煌。高高举起信念之旗的人，对一切艰难困苦都无所畏惧。相反，信念之旗倒下了，人的精神也就垮了下来。而从来就不曾拥有过信念的人对一切都会畏首畏尾，在漫长的人生旅途中抬不起头，挺不起胸，迈不开步，整天浑浑噩噩，看不到光明，因而也感觉不到人生的幸福和快乐。

一天晚上，一位名叫杰克的青年站在一条河边，一脸忧郁。

这天是他30岁生日，可他不知道自己是否还有活下去的必要。因为杰克从小在福利院里长大，身材矮小，长相也不漂亮，讲话又带着浓厚的法国乡下口音，所以他一直很瞧不起自己，认为自己是一个既丑又笨的乡巴佬，连最普通的工作都不敢去应聘，没有工作，也没有家。

就在杰克徘徊于生死之间的时候，与他一起在福利院长大的好朋友汤姆兴冲冲地跑过来对他说："杰克，告诉你一个好消息！"

"好消息从来就不属于我。"杰克一脸悲戚。

"不，我刚刚从收音机里听到一则消息：拿破仑曾经丢失了一个孙子。播音员描述的相貌特征，与你丝毫不差！"

"真的吗，我竟然是拿破仑的孙子？"杰克一下子精神大振，联想到爷爷曾经以矮小的身材指挥着千军万马，用带着泥土芳香的法语发出威严的命令，他顿感自己矮小的身材同样充满力量，讲话时的法国口音也带着几分高贵和威严。

第二天一大早，杰克满怀信心地来到一家大公司应聘。

20年后，已成为一家大公司总裁的杰克，查证出自己并非拿破仑的孙子，但这早已不重要了。

杰克的故事告诉我们，信念可以创造奇迹，信念能够唤起一个人的自信。无论是谁，只要把自己的信念牢牢地根植于心，就能够克服重重困难，实现自己的理想。

找到属于自己的音符

富兰克林说过，宝物放错了地方便是废物。一个人找到自己的特长，学会经营自己的长处，就能够化自卑为自信。事实上，每个人都有自己的长处，教育家R. H. 里夫斯博士写过一个常被人引用的寓言，题为"动物学校"，该寓言说明了尊重差异的重要性。故事是这样讲的：

很久很久以前，动物们决定必须干一番勇敢的事业，以应付"新世界”的问题。于是，它们建立了一所学校，选定了活动课程，其中包括跑步、爬树、游泳和飞翔。为了方便管理，所有动物要参加所有科目。

鸭子擅长游泳，实际上比教练游得都好，飞翔的成绩也很优异，但却很不擅长跑步，由于它跑步成绩很差，放学后只得留在学校，还不得不中断游泳来练习跑步。它练呀，练呀，直到最后把双脚磨得不成样子，游泳也落了个一般水平。然而，在学校里，一般水平是可以接受的，所以，除了鸭子本身外，没有谁为此而担忧。

兔子开始在全班跑得最快，但由于需要一次次地补考游泳，搞得神经衰弱了。

松鼠爬树成绩优异，可后来被飞翔课搞得灰心丧气，因为老师让它从地面向上飞，而不是从树上向下飞。它由于练得太用劲，把肌肉扭伤了，结果爬树得了C，跑步得了D。

鹰最不听话，不得不被严加约束。在爬树课上，它击败所有对手，首先到达树顶，但却坚持使用自己的方式。

这年结束时，一条游泳技术超群，在跑步、爬树和飞翔方面也略具本领的畸形鳝鱼平均成绩最好，并成为致告别词的毕业生代表。

草原犬鼠没有入学并反对征税，因为行政当局不愿将挖洞列入课程。它们让孩子跟着地鼠学习，后来与土拨鼠、地鼠合伙建立了一所成功的私立学校。

R. H. 里夫斯博士的这则寓言说明了每个人的才能都是有差异的，我们不必因为羡慕别人的长处而丧失自己的自信，而应当找到自己的长处，努力将自己的长处发掘出来，这样，有助于我们在内心树立起自信。

李扬是一位著名的配音演员，广受大家喜爱的卡通形象唐老鸭就是他配的音。李扬在初中毕业后参了军，在部队当一名工程兵，他的工作内容是挖土、打坑道、运灰浆、建房屋。可是李扬明白，自己身上潜在的宝藏还没有开发出来：那就是自己一直喜爱的影视艺术和文学艺术。

在一般人看来，这两种工作简直是风马牛不相及。但李扬却坚信自己在这方面有潜力，应该努力把它们发掘出来。于是他抓紧时间工作，认真读书看报，博览众多的名著剧本，并且尝试着自己搞些创作。

退伍后李扬成了一名普通工人，但是他仍然坚持不懈地追求自己的理想。没过多久，大学恢复招生考试，李扬考上了北京工业大学机械系，变成了一名大学生。从此，他用来发掘自己身上宝藏的机会一下子多了起来。经几个朋友的介绍，李扬在短短的5年中参加了数部外国影片的译制录音工作。这个业余爱好者凭借着生动的、富有想象力的声音，参加了《西游记》中美猴王的配音工作。1986年初，李扬迎来了自己事业中的辉煌时刻，风靡世界的动画片《米老鼠和唐老鸭》招聘汉语配音演员，风格独特的李扬一下子被迪士尼公司相中，为可爱滑稽的唐老鸭配音，从此一举成名。李扬说，自己之所以成功，是因为一直没有停止过挖掘自己的长处。

很多人之所以自卑就是因为没有找到自己的长处，没有挖掘出自身的潜力。每个人身上都有独特的特长和天分，只要能找出自己的特长，发挥自己的天分，你就能够为自己赢得自信。

每个人都有自己的特长，并适合于不同的工作岗位。不同的工作岗位对人才的素质与才能的要求也不同。比如，做一个杰出的临床医生，必须具有很好的记忆力、研究理论物理学，抽象思维能力不可少；一个数学家没有必要一定具备实际操作、设计和做实验的能力，虽然这种能力对于一个化学研究者来说是必不可少的；而天文学是一门观察科学，需要很好的观察能力、浓厚的兴趣和长久的毅力。

人的兴趣、才能、素质也是不同的。如果男孩不了解这一点，没能把自己的所长利用起来，你所从事的行业需要的素质和才能正是你所缺乏的，那么，你将在平凡的工作中失掉信心和热情，而你的才能也将会被埋没。反之，如果你有自知之明，善于自我设计，从事你最擅长的工作，你就会获得成功。

树立自信，走出自卑的泥潭

心理学认为，每个人对自己都或多或少带有一些不恰当的认识，自卑就是一种过多的自我否定而产生的自我贬低的情绪体验，是一种认为自己在某些方面不如他人的自我意识和自己瞧不起自己的消极心理，是由主观和客观原因造成的。

人的自卑心理来源于心理上一种消极的自我暗示，即“我不行”、“不可能”等，对自己的能力、学识、品质等自身因素、自我评价过低，在日常生活中表现出行为畏缩、瞻前顾后、心理的承受能力较弱、经不起较强的刺激、谨小慎微、多愁善感等。长期被自卑情绪笼罩的人，一方面感到自己处处不如别人，一方面又害怕别人瞧不起自己，逐渐形成了敏感多疑、胆小孤僻等不良的个性特征。自卑使他们不敢主动与人交往，不敢在公共场合发言，消极应付工作和学习，不思进取。因为自认是弱者，所以无意争取成功，只是被动服从并尽力逃避责任。

自卑不仅会使心理活动失去平衡，而且也会引起人的生理变化，最敏感的是对心血管系统和消化系统产生不良影响。生理上的变化反过来又影响心理变化，加重人的自卑心理。在自卑心理的作用下，遇到困难、挫折时往往会出现焦虑、泄气、失望、颓丧的情感反应。一个人如果做了自卑的俘虏，不仅会影响身心健康，还会使聪明才智和创造能力得不到发挥，使人觉得自己难有作为，生活没有意义。

自卑是一种常见的心理现象，自卑与生俱来，人人都有，无论圣人贤士、帝王富豪还是布衣寒士、贩夫走卒，在潜意识里都是充满自卑感的，真所谓“天下无人不自卑”，几乎所有的人都存在自卑感，只是表现的方式和程度不同而已。

自卑是每个人都会有的心理现象，然而作为一个成功者，他能够克服自卑、超越自卑，他能够合理地调节心理承受力，从而成功地做好事情。那这些成功者们都用什么方法调控呢?

1. 认识法

运用全面的、辩证的、发展的观点看待自己和周围的事物，认识到人不会是十全十美的，人是追求完美、不断完善的；而对于自己的缺点也不能悲观，正视缺点并设法弥补它，这样你便会消除自卑。

2. 转移法

通过把兴趣转向自己爱好的业余活动或事业上，淡化心理上的自卑阴影，缓解紧张。

3. 分析法

这种方法也叫心理分析法，即通过对心理医生的咨询，了解到自卑的原因，对症下药，解决自卑问题。

4. 行动法

行动法也就是找一些较容易的工作，然后用自己的实力完成，这样便会收获一份喜悦。接着再找一个新的目标，完成后再找。循序渐进，这样你的自信心就会逐渐恢复，从而战胜自卑。

5. 补偿法

补偿法也就是通过自身努力奋斗，突出自己某一方面的特长，从而用来弥补自己心理上或生理上的缺陷。这就是心理学上的“代偿作用”，即扬长避短，把自卑转化为自强的动力。

古人说“有长必有短，有明必有暗”，所以每个人都是一样的，人人都有自卑的一面。而在通往成功的路上，只有战胜自卑，才能成为一个自信的成功者。

在搏击中，最好的防卫方式是进攻。同样，在战胜自卑的过程中，最好的方式就是在内心中树立起自信，用自信去驱逐内心的自卑。下面是我们提出的一些方法，有助于提升你的自信心:

1. 坐前面的位子

许多人在开会或参加集体活动时，喜欢挑后面的座位。其中的原因，多数都是希望自己不要太“显眼”。而这正说明他们缺乏自信。请从现在开始，尽量往前坐吧！当然，坐前面是会比较显眼，但你要知道，有关成功的一切都是显眼的。

2. 学会正视别人

不正视别人通常意味着：在你面前我感到很自卑，我感到不如你，我怕你……而正是等于告诉别人：我很诚实、光明磊落、毫不心虚。请练习正视别人吧！这不但能带给你自信，也能为你赢得别人的信任。

3. 将走路的速度提高25%

许多心理学家认为懒散的姿势、缓慢的步伐常与此人对自己、对工作以及对别人的不愉快的感受有关。而借着改变姿势与步履速度，可以改变心理状态。普通人走路，表现出的是“我并不怎么以自己为荣”，另一种人则表现出超凡的信心，走起路来比一般人快，像在告诉全世界：我要到一个重要的地方，去做重要的事情，而且我会做好。使用这种加快步伐的方法，你就会感到自信心在滋长。

4. 练习当众发言

在会议中沉默的人都认为：“我的意见可能没有价值，如果说出来，别人会觉得我很蠢，我最好什么也别说。”越是这样想，就越来越会失去自信。但如果积极发言，就会增加信心，下次也就更容易发言。要当破冰船，第一个打破沉默，也不要担心你会显得很愚蠢，因为总会有人同意你的意见。

5. 经常开怀大笑

这是医治信心不足的良药。开怀大笑，你会觉得美好的日子又来了。但是要笑得大，不要要笑不笑，要露齿大笑才能见效。

6. 注意仪表

从理论上说，我们应当看重一个人的内在而不是外表。但请你不要太天真，大多数人都是以你的外貌打量你，因为你的外表是给人的第一印象，而且这种印象会持续下去，在许多方面影响别人对你的看法。

穿着得体是必要的，因为这样不但会使别人看你时觉得你很重要，你也会因此而觉得自己真的很重要。当你去面试，当你去与人谈判，当你去赴约，请你为这些活动打扮一下。你端庄整洁的衣着、精神焕发的容颜，会告诉对方：这里站着一个精明能干、很有头脑、大有前途的人，他值得信赖。穿着得体，这花不了你多少金钱和时间，但却会带来很大效果，最重要的是，你也会因此而信心倍增。

7. 经常鼓励自己

你要经常自己鼓励自己。在做一项工作前，先要鼓足自己的勇气，要找出自己能做好这项工作的有利条件、长处、优点，并且勉励自己：我一定能做好这项工作，我可能会遇到困难，但我相信能克服……你也不要忘了在做成这项工作后，自我庆祝一下，自己给自己一份嘉奖，去喝杯酒，或给自己放个假休息一下。美国女演员露丝·戈登就时常给自己打气，她说："一个演员需要别人恭维。当我很久没有得到别人的赞扬时，我会自我恭贺，因为我清楚这些恭贺毕竟是真挚的。"

8. 修炼自己的本领

一些人缺乏自信心，除了轻视自我外，也与内在本领不够有关，就是说，他的知识储备、实践能力还有欠缺，因此常常会表现得"底气"不足。这就要求我们要努力充实自己，"有了金刚钻"，就"敢揽瓷器活"了。张仪敢到各国君王处游说，是因为他曾经历过一番苦读，研究过当时各国的情势，因此才能说动骄傲的君王，采纳他的意见。哥白尼敢于向"地心说"挑战，是他广泛而深入地钻研天文学、数学和希腊古典著作，并在 30 多年里孜孜不倦地观测天象的结果。有着厚重的知识功底，他才能写出伟大的《天体运行论》。"给我一个支点，我就能撬动地球。"阿基米德有这样的豪言，是因为他掌握了科学知识。拿破仑自信地说："'不可能'的字眼，只存在于愚蠢人的字典里。"他如果没有非同寻常的军事才能，也不会说出这样的话。没有扎实的知识功底，没有刻苦锻炼出来的才干，要自信，只能是自欺欺人。

自信心对于一个人是非常重要的。没有自信心，首先就会束缚自己发展的手脚，也不会得到别人的敬重和信任，更别提成功了。但自信必须有知识做后盾，这一点是男孩们应该牢记的。

最优秀的人是你自己

每个人都是造物主最伟大的杰作，都是自己成功人生的缔造者。在一个人的一生中，能力并不是决定成败的关键因素。只有在内心相信自己很优秀，才能够走出成功人生的第一步。

风烛残年之际，苏格拉底知道自己时日不多了，就想考验和点化一下他的那位平时看来很不错的助手。他把助手叫到床前说："我需要一位最优秀的承传者，他不但要有相当的智慧，还必须有充分的信心和非凡的勇气……这样的人选直到目前我还未见到，你帮我寻找一位，好吗?"

"好的，好的。"这位助手很认真、很坚定地说，"我一定竭尽全力去寻找，不辜负您的栽培和信任。"

于是这位忠诚的助手就开始想尽一切办法为自己的老师寻找继承人。然而他领来一位又一位，都被苏格拉底婉言谢绝了。有一次，病入膏肓的苏格拉底硬撑着坐起来，抚着那位助手的肩膀说："真是辛苦你了，不过，你找来的那些人，其实还不如你……"

半年之后，苏格拉底眼看就要告别人世，最优秀的人选还是没有眉目。助手非常惭愧，泪流满面地坐在病床边，语气沉重地说："我真对不起您，令您失望了!"

"失望的是我，对不起的却是你自己，"苏格拉底说到这里，很失望地闭上眼睛，停顿了许久，又哀怨地说，"本来，最优秀的人就是你自己，只是你不敢相信自己，才把自己给忽略、给耽误、给丢失了……其实，每个人都是最优秀的，差别就在于如何认识自己、如何发掘和重用自己……"话没说完，一代哲人就永远离开了这个世界。那位助手非常后悔，甚至整个后半生都在自责。

你可以仰慕别人，但是绝对不能忽略了自己！你可以相信别人，但首先最应该相信的人就是你自己。如果你不甘平庸，要做最好的自己，就要摆脱自卑和自我怀疑的心理，牢记苏格拉底所说的这句至理名言：最优秀的人就是你自己。

有一天，著名的成功学专家安东尼·罗宾在自己的办公室里接待了一个走投无路、风尘仆仆的流浪者。

那人进门打招呼说："我来这儿，是想见见这本书的作者。"说着，他从口袋中拿出一本名为《自信心》的书，那是安东尼许多年前写的。

安东尼微笑着示意流浪者坐下。流浪者激动地说："一定是命运之神在昨天下午把这本书放入我口袋中的，因为我当时决定跳到密歇根湖，了此残生。我已经看破一切，认为一切已经绝望，所有的人已经抛弃了我。但还好，我看到了这本书，使我产生新的看法，为我带来了勇气及希望，并支持我度过昨天晚上。我已下定决心，只要我能见到这本书的作者，他一定能帮助我再度站起来。现在，我来了，我想知道你能替我这样的人做些什么。"

在他说话的时候，安东尼从头到脚打量了流浪者，发现他茫然的眼神、沮丧的皱纹、10来天未刮的胡须及紧张的神态，完全向安东尼显示他已经无可救药了，但安东尼不忍心对他这样说。

听完流浪者的故事，安东尼想了想，说："虽然我没有办法帮助你，但如果你愿意的话，我可以介绍你去见就在这所大楼里的一个人，他可以帮助你东山再起，重新赢回原本属于你的一切。"安东尼刚说完，流浪者立刻跳了起来，抓住他的手，说道："看在老天爷的分上，请带我去见这个人！"

他会为了"老天爷的分上"而做此要求，显示他心中仍然存在着一丝希望。所以，安东尼拉着他的手，引导他来到从事个性分析的心理试验室里，和他一起站在一块看来像是挂在门口的窗帘布之前。

安东尼把窗帘布拉开，露出一面高大的镜子，他可以从镜子里看到他的全身。安东尼指着镜子说："就是这个人。在这世界上，只有一个人能够使你东山再起，除非你坐下来，彻底认识这个人——当作你从前并未认识他，否则，你只能跳进密歇根湖里，因为在你对这个人做充分认识之前，对于你自己或这个世界来说，你都将是一个没有任何价值的废物。"

他朝着镜子走了几步，用手摸摸他长满胡须的脸孔，对着镜子里的人从头到脚打量了几分钟，然后后退几步，低下头，开始哭泣起来。过了一会儿，安东尼领他走出电梯间，送他离去。

几天后，安东尼在街上碰到了这个人，而他不再是一个流浪汉形象，他西装革履，步伐轻快有力，头抬得高高的，原来那种衰老、不安、紧张的姿态已经消失不见。他说，他感谢安东尼先生，让他找回了自己，且很快找到了工作。

后来，那个人真的东山再起，成为芝加哥的富翁。

很多人缺乏自信，是因为没有从内心真正认识自己，没有看到自己身上所蕴含的力量。正如苏格拉底所说的那样，最优秀的人是你自己。能把你从失意和自卑中挽救出来的也是你自己。对于一名前程远大、未来充满了无数成功可能的男孩来说，只要相信自己，充分激发出内心的力量，你就可以创造奇迹。

自尊是促使一个人不断向上发展的原动力。自尊是自信的源头，一个人不尊重自己，就不能激发出内心的勇气和自信，当然，也不会取得什么大的成就。屠格涅夫说过，自尊自爱，作为一种力求完善的动力，是一切伟大事业的渊源。男孩只有尊重自己，才会珍惜和看重自己，才能够实现自己人生最大的价值。

第十一章 热爱学习——让男孩的智慧翻倍

保持空杯心态

古时候一个佛学造诣很深的人，听说某个寺庙里有位德高望重的老禅师，便去拜访。进门后，他跟大师的徒弟说话的态度十分傲慢。老禅师却十分恭敬地接待了他，并为他沏茶。可在倒水时，明明杯子已经满了，老禅师还不停地倒。

他不解地问："大师，为什么杯子已经满了，还要往里倒？"

大师自语："是啊，既然已满了，我干吗还倒呢？"

禅师的本意是，既然你已经很有学问了，干吗还要到我这里求教？

生活中，很多人很想充实自己，但由于没有保持好心态，最终却一事无成。做事的前提是先要有好心态。如果想学到更多学问，先要把自己想象成"一个空着的杯子"，而不是骄傲自满。

男孩应该让自己具备一种空杯的心态。不管自己的才能，自己所掌握的知识有多好，都必须把自己的心态放空，让自己回归到零，如此才能使自己随时处于一种学习的状态，将每一次都视为一个新的开始、一次新的体验。

当一个人的发展遭遇某种瓶颈时，可以以"空杯"的方式放弃从前，关上身后的那扇门，他会发现另一片美丽的后花园，找到另一番工作的激情和生活的乐趣。

空杯的心态就是归零、谦虚的心态，就是重新开始。有这样一种现象：第一次成功相对比较容易，第二次却不容易了，这是为什么？

一位国内著名的集团老总曾经说过这样意味深长的话："往往一个公司的失败，是因为它曾经的成功，过去成功的理由是今天失败的原因。任何事物发展的客观规律都是波浪式前进，螺旋式上升，周期性变化。中国有一句古话，叫风水轮流转，经济学讲资产重组。"这话没错，生活就是不断地重新再来。不空杯就不能进入新的资产重组，就不会持续发展。

在此之前，你可能有渊博的知识，但是当你想要达到更大成功的时候，你一定要有一个空杯的心态。只有这样，你才能快速成长，才能学到更多的成功方法，从而更快地接爱成功。

如果你要喝一杯咖啡，就必须把杯子里的茶先倒掉，否则把咖啡加进去之后，就茶也不是，咖啡也不是。

虚心使人进步，骄傲使人落后。有句话说：谦虚是人类最大的成就。谦虚让你得到尊重，越饱满的麦穗越弯腰。

由此可见，保持一种空杯心态对于一个人长期的发展是多么的重要。海尔集团首席执行官张瑞敏说："我们主张产品零库存，同样主张成功零库存。只有把成功忘掉，才能面对新的挑战。"海尔的年销售额数百亿元，但张瑞敏从未有一丝飘飘然的感觉，相反，他却时时处处向员工灌输危机意识，要求大家面对成功始终保持一种如履薄冰的谨慎，要戒骄戒躁。

成功仅代表过去，如果一个人沉迷于以往成功的回忆，那他就再也不会进步。对于有远大志向的追求者来说，成功永远在下一次。保持"空杯"心态，才能不断发展创造新的辉煌。人们问球王贝利哪一个进球是最精彩、最漂亮的，他的回答永远是"下一个"！冰心说，冠冕，是暂时的光辉，是永久的束缚。一个人只有摆脱了历史的束缚，才能不断地向前迈进。

空杯心态，其实就是一种虚怀若谷的精神，有了这种精神，人才能够不断进步，不断走向新的成功。

定期自我更新

自我更新就是要认识到自己的不足或者说是为了适应某种环境，改善自己的一种方式。或者是在自己的长处上的一个更高层次的进化。任何事物都是在不断地自我完善、自我更新的情况下才能更好地适应社会的发展。

李嘉诚一直是企业家学习的榜样，而李嘉诚本人本就是一个爱学习、善于更新自己的优秀企业家。李嘉诚青年时基本没受过正式教育，尤其是英语，连26个英文字母都没学全，可是他深知在香港做生意，不学好英语，永远没有出息。经过极为刻苦的学习，他的英语水平甚至比普通的大学生还要高。

20世纪50年代他做塑胶花生意时，订阅了好几种全世界最新的塑胶杂志，以便能够掌握最新形势。在外国杂志中，他留意到一部制造塑胶樽的机器，但从外国订制太贵了，于是他凭着自学的英文研制了这部机器，这成为他早年非常得意的事情之一。他又靠着自己当时还很不流利的英文，和外国人做生意，打开了国际市场。短短几年的时间，他就成了享誉东南亚的“塑胶大王”了。此后，他不断挑战自我，坚持学习。

他以70岁的高龄，仍然坚持学习，当别人向他请教如何决策时，他说：“你自己应该知识面广，同时一定要虚心，多听专家的意见。自己作为一家公司的最后决策者，一定要对行业有相当深的了解，不然的话，你的判断力一定会出错。”

从一个街头推销员到今天举足轻重的商业领袖，李嘉诚自我更新的精神值得我们每个人效法。

要做到自我更新，就要及时抛开不合时宜的旧经验、旧想法。

拿破仑一生中令人叹服的一大战绩，就是成功地跨越了高峻的阿尔卑斯山，以出奇制胜的方式把奥地利军队打得落花流水。

当时人们都认为，阿尔卑斯山是“天险”，没有一支军队可以翻越。但拿破仑心中早拟好了翻越的具体方案，据此对士兵加以训练，因此他率领军队成功地越过了天险。当位于阿尔卑斯山另一边的奥地利军队，发现数万法军正逼近首都时，都以为这支军队是“天降神兵”！当奥军准备调兵迎战时，却为时已晚。

拿破仑善于出奇制胜，赢得了无数次的大小胜利。而导致他最终垮台的原因，却正是因为他曾经赢得了太多的战争。

赢的次数多了，人就会自满，并且会用以前的经验来应付新的战争。可是事实证明，经验并不足以应付纷繁复杂的新情况，将经验套用在新形势上，无异于缚住了自己的手脚，等于作茧自缚，自毁前程。

社会在不停发展与进步，男孩若是不想被新时代淘汰，就一定要定期学习新知识，进行自我更新。人只有在不断自我更新的状态下才能够永葆生命的活力。既然生命不息，那就应该不断进取，超越自我。奔腾不息的流水才能够永葆生命的新鲜与活力。

不断学习是一个人长远发展的不二法门

有人说，学习力，是最可贵的生命力。当代社会科技发展日新月异，知识总量的翻番周期愈来愈短，从过去的100年、50年、20年缩短到5年、3年。科学家预言：人类现有知识到21世纪末只占那时知识总量的5%，其余95%现在还未被创造出来。这表明，“一次性学习时代”已告终结，我们要活到老学到老，才能跟上时代的脚步。另外，大脑非常发达，个体的脑细胞总量已超过150亿，而一个人穷其一生只能用其百分之几。人脑的巨大容量为个体可能吸收、消化、储存数以亿计的信息与知识量开辟了广阔的前景。但关键是要提高自己的学习能力，并贯彻终生，真正做到“生命不息，学习不止”，永葆可贵的生命活力。

面对信息爆炸的时代，坚持不懈地学习成为现代人生存和发展的必然方式和最佳方式。只有学习才能让我们掌握生存的技能，才能让我们体味人生的意义。

《荀子·劝学》开篇明义：“学不可以已。”其实我们赖以生存的知识、技能和车子、房子一样，会随着岁月的流逝不断折旧，因此我们必须不断提升自己的价值，增加自己的竞争优势，学习新知识，并在工作当中学到新的技能，否则将无法保持现有的优势，更别提发展。

“活到老，学到老”不是一句夸夸其谈的话，它是一种智慧。不断学习的人才会保持自己头脑的灵活，才能保证自己的思想向前不断地跨越。因此，年轻人要养成不断学习的习惯，保持这种习惯会帮助你走向精英人群的行列。

林语堂先生曾经说过：“若非一鸣惊天下的英才，都得靠窗前灯下数十年的玩摩思索，然后可以著述。”每个人并非天生就是奇才，一个人所知道的东西比起整个宇宙来，实在是少得可怜，这一切只有通过学习来弥补。巨变时代信息瞬息万变，盛衰可能只在朝夕。只有不断学习、善于学习的人，不断获得新信息、新机遇，才能够在第一时间获得创意的养分，才能够把自己的灵魂培育得与众不同。

读一本好书，你会明白许久以来未能想通的道理；和同事的一次探讨，你会发现很多你没想到的地方；与对手的一次较量，你会更清楚地认识到自己的不足之处；看一则报道，你会捕捉到当今社会的最新动态；一次外出旅行，你会发现自己以前就像一只井底之蛙……只要你愿意，你可以随时随地地让自己学习。学习永远是现在进行时，它永不停歇也永无止境。

所以，如果男孩想事业有成，如果你想使自己的人生富有意义，那么就从现在开始，将终身学习作为你一生的护照吧！

时刻保持危机感

当今社会，一切均在不断的发展变化之中，而且发展变化的速度在不断加快。扎实的专业基础和较强的学习能力已成为时代的必然要求。有必要树立终身学习的观念，不断给自己“镀金”，这样才能适应社会发展的需求，应对未来的挑战。

美国职业专家指出，现在职业半衰期越来越短，所有高薪者若不学习，无须 5 年就会变成低薪。当 10 个人中只有 1 个人拥有电脑初级证书时，他的优势是明显的；而当 10 个人中已有 9 个人拥有同一种证书时，那么原来的优势便不复存在。

只有我们通过学习超越以往的表现，我们才能够得到发展。反之，如果我们沉溺在对昔日以及现在表现的自满中，学习以及适应能力便会受到阻碍。工作如逆水行舟，不进则退，不管你曾经多么成功，你都要对职业生涯的成长不断投注精力，如果不这么做，你的工作自然无法有所突破，甚至会惨遭淘汰。

在某个钟表厂，有一位工作非常卖力的工人，他的任务就是在生产线上给手表装配零件。这件事他一干就是 10 年，操作非常熟练，而且很少出过差错，几乎每年的优秀员工奖都属于他。

可是后来公司新上了一套完全由电脑操作的自动化生产线，许多工作都改由机器来完成，结果他失去了工作。他本来文化水平就不高，在这 10 年中又没有掌握其他技术，对于电脑更是一窍不通，一下子，他从优秀员工变成了多余的人。

在他离开工厂的时候，厂长先是对他多年的工作态度赞扬了一番，然后诚恳地对他说：“其实引进新设备的计划我在几年前就告诉你们了，目的就是想让你们有个思想准备，去学习一下新技术和新设备的操作方法。你看和你干同样工作的胡自奇不仅自学了电脑，还找来了新设备的说明书进行研究，现在他已经是车间主任了，我并不是没有给你时间和机会，但你都放弃了。”

从这个故事中我们可以得到一些启示：新设备、新技术、新方法能帮助公司提高几倍速的工作效率，这种更新换代是谁也阻止不了的。如果你不注意更新自己的知识，甚至停止学习，那么最终你只能被淘汰。

在风云变幻的职场中，善于创新、充满活力的新人或者经验丰富的业内资深人士不断地涌进你所在的行业或公司，你每天都在与几百万人竞争，因此你必须不断提升自己的价值。

皮特·詹姆斯现在是美国ABC晚间新闻的当红主播。在此之前，他曾一度毅然辞去人人艳羡的主播职位，到新闻的第一线去磨炼自己。他做过普通的记者，担任过美国电视网驻中东的特派员，后来又成为欧洲地区的特派员。经过这些历练后，他重新回到ABC主播台的位置。而此时的他，已由一个初出茅庐的略微有点生涩的小伙子成长为成熟稳健又广受欢迎的主播兼记者。

皮特·詹姆斯最让人钦佩的地方在于，当他已经是同行中的优秀者时，他没有自满，而是选择了继续学习，使自己的事业再攀高峰。

一名成功的人无论自己处于职业生涯的哪个阶段，都会时刻保持危机感，把不断学习当成自己的一项重要习惯。因为他们清楚自己的知识对于所服务的机构而言是很有价值的，正因为如此，他必须好好自我监督，不能让自己的技能落在时代后头。因此，当你的事情进展顺利的时候，要加倍地努力学习；当事情进展得不顺利、不能达到要求，那你更要加紧自己学习的进度，否则下一个淘汰的就将是你。

承认自己的无知

一只蝴蝶与一只苍蝇同时落在桌子上一本打开的书上，这是一本哲学书。

蝴蝶指着打开的书说："看看吧，上面是这么写的——一只蝴蝶在大洋的另一边扇动翅膀，可能会引起美国气候的改变。看到没有，可以引起美国气候的改变，以前我不知道自己有这个能力，没想到我是这么的厉害。现在我还怕什么人类，我只消轻轻地扇动一下我的翅膀，哈哈，他们就会被吹到九霄云外……"

"可是，可是，你以前吹走过人吗？"苍蝇打断他的话。

"那是因为我以前不知道，也没有试过，不自信。现在我很有自信，让我们去找个人试试，我要打败人类，我们蝴蝶要统治世界。哈哈……"蝴蝶狂笑着。

这时，一只蜘蛛出现了，苍蝇看到后飞了起来，叫蝴蝶："快逃跑啊，有蜘蛛！"蝴蝶很傲慢地看了蜘蛛一眼："哼！我要打败人类，一只小小蜘蛛能拿我怎么样？正好拿你做实验，看我不把你扇到世界的尽头去！"

蝴蝶不但不飞走，反而扇动着翅膀非常自信地向蜘蛛走去，结果被粘在蜘蛛网上，看着蜘蛛一步步向它靠近……

苍蝇叹了口气，飞走了。

风轻轻地吹进书房，哲学书翻到了下一页……

自负的蝴蝶终于付出了惨重的代价，原以为自己很渺小的蝴蝶竟然在看了一本哲学书后断送了自己的性命，这不能不说是蝴蝶的咎由自取。试想，若蝴蝶对哲学书不断章取义，若蝴蝶能够听得进苍蝇的劝阻，不盲目自负，至少，它不会如此轻易地提前结束活着的旅程。

文学家王尔德说："人们把自己想得太伟大时，正足以显示本身的渺小。""人外有人，天外有天"，谁也不是常胜将军。自负者沉浸于虚无的胜利幻想中，他们常常因为一次的成功就自我满足，眼前显现的永远是早已逝去的鲜花与掌声。他们把别人给予他们的荣誉看作是理所当然的，不能静下心来想一想如今自己都做了些什么，又都收获了什么。自负者总认为曾经的成功能长久，总认为别人一直会甘拜下风，自己总是胜者。所以，他们自视清高、目中无人，更有甚者非但自己不思进取，还肆意嘲讽别人的努力，最终导致了心理的扭曲。

自负者，总是认为别人都不如自己，过高地估计自己的能力，觉得在这个世界上，唯我最大，一副不知天高地厚的架势，以显示自己伟大的魄力和气度。事实上越伟大的人越会谦卑待人。

有人问苏格拉底是不是生来就是超人，他回答说："我并不是什么超人，我和平常人一样。有一点不同的是，我知道自己无知。"这就是一种谦卑。无怪乎古罗马政治家和哲学家西塞罗会说："没有什么能比谦虚和容忍更适合一位伟人。"

歌德曾说过：一个目光敏锐、见识深刻的人，倘若又能承认自己有局限性，那他就离完人不远了。芸芸众生之中，能够达到或者接近"完人"境界的人，少之又少。人，最难的就是有自知之明，清楚明白地知道自己的缺点、敢于承认自己的缺点，这不是一件容易的事。

正所谓"知人者智，自知者明"，想要成为一个明智的人，不是随随便便就能做到的。正确地认识自己难，清楚地认识自己的缺点更难。"金无足赤，人无完人。"我们身上都有优点，也都有缺点。面对缺点，既不能自以为是、无视缺点的存在；也不能畏缩不前，被缺点束住手脚。摆正心态，用一颗平和宽广的心去发现缺点，并努力去克服、去弥补，唯有这样，个人才能进步，社会才能发展。

下面这个"知识圆圈"的故事，虽然讲的是有知与无知的问题，但是从中也可以悟出小成就和大成功的关系。

芝诺是古希腊的著名哲学家。一次在他讲解关于宇宙与人生的关系时，一位学生站起来向他提问："老师，您的知识比我的知识多许多倍，您对问题的回答又十分正确，可是您为什么总是对自己的解答有疑问呢？"

芝诺笑了笑，而后在桌上画了一大一小两个圆圈，并指着这两个圆圈说："大圆圈的面积是我的知识，小圆圈的面积是你们的知识。我的知识比你们多。这两个圆圈的外面就是你们和我无知的部分。大圆圈的周长比小圆圈长，因此，我接触的无知的范围也比你们多，这就是我为什么常常怀疑自己的原因。”

一个人的成功就好比一个圆圈，圆圈里面是已经获得的成就，圆圈外面是未曾取得的成就。你已经获得的成就越多，圆圈就越大，你未曾达成的成就也就越多。也许这就是小成就和大成功之间的关系吧！

真正的大人物是那种成就了不平凡的事业却仍然像平凡人一样生活着的人。他们从来都是虚怀若谷的，不会因为自己腰缠万贯而盛气凌人，从来不会见人就喋喋不休地诉说自己是如何成功和发迹的，也从不痛恨自己的同仁是“居心叵测之人”，他们只是“不以物喜，不以己悲”，平和地做着自己该做的事情。男孩也会有对未来的憧憬，也会有对梦想的渴望，也许你在学校里有着不俗的成绩，也许你的家庭背景很显赫。但是，千万不要因此就觉得自己了不起，也不要去幻想着有一天可以成为伟大人物。把每天当作是一个新的开始，过好平凡的每一天，走好脚下的每一步，这样才会一步步向成功靠近，最终走向成功。

生命的根本保证是学习

“读书而不思考，等于吃饭而不消化。”这句话告诉我们学习的本质就是培养人的能力，只有通过学习，掌握了这些能力，才能让我们的生存更加有保证。古人云：“授我以鱼，只供一饭之需，教我以渔，则终身受用无穷。”在学习中探索生存的技能，在生存中体会学习的奥秘，人生才会越来越有意义。

穷人的孩子早当家，小王冕七八岁的时候，就已经能帮家里做事了。父母安排他每天牵着牛出门去放牧。

有一天，小王冕跟往日一样出门去放牛。可是一直等到太阳落山，母亲做的饭菜都凉了，也没见王冕回家。又过了一会儿，牛独自从院门外回来了，自个儿在院子里转了一圈，然后慢悠悠地钻进了牛圈，但放牛的王冕却没有一起回来。

父母非常担心，想要出去寻找，就在这时，王冕气喘吁吁地从外面跑了回来，他先到牛圈一看，发现牛已经回来了这才松了一口气。父亲把他叫到面前，询问他回来晚的原因，王冕低下头，内疚地解释说："是我听书忘记时间了。"

原来，王冕放牛路过村里的那个学堂时，听见从里面传出朗朗的读书声，一下子就给吸引住了，特别羡慕。他把牛拴在野地里让它吃草，自己则悄悄地溜进学堂，听学生们读书，听一句，记一句，非常入迷，不知不觉，太阳已经下山了。

当他跑到草地去找牛时才发现牛已挣断绳子，不知跑到什么地方去了。幸亏路走熟了，牛顺着回家的路，自己回到圈里了。虽然牛安全地回家了，可王冕挨一顿打是免不了的。

父亲把他狠打了一顿，让他以后不许在放牛时去听书。然而这一顿棍子，并没有把他的求知欲打退。两天之后，同样的事情再次发生了。当父亲又要拿棍子打他时，母亲便劝解道："孩子这样痴心，打也不会有什么用的，干脆这牛别让他放了。"从那以后，父亲再不让他去放牛了。

当时，正好村旁山上的寺庙要雇人做些粗活，于是王冕便到庙里住了下来。白天做一些杂事，换两顿饭吃，到了晚上他就睡在大殿内，借助桌案上摆放的长明灯的微弱光线，聚精会神地看书，每晚都看到大半夜才睡觉。

由于王冕的刻苦好学，当地一名著名的学者出于爱才、惜才之心，收了他做徒弟，教他学问。

有了这样好的机会，王冕倍加珍惜，每天都很努力地学习。为了让自己掌握更多的技能，他还在劳动、读书之余迷上了写诗作画，经过勤学苦练，他终于在诗画方面取得了突出成就。

如此恶劣的环境也没阻挡住王冕好学的精神，学习使他插上了梦想的翅膀，从此改变了生存的环境。在竞争如此激烈的年代，学习更成为现代人生存和发展的必然选择和最佳途径，是学习让我们掌握了生存的技能，是学习让我们体味了人生的意义，让我们看到了更广阔的世界。

学习化生存是最佳的生存方式，它是一种理念、一种途径，是通向睿智、丰富、幸福生活的途径。

现在，我们迈入了以信息化为标志的知识经济时代。生产的信息化，使劳动也具有鲜明的智能化特征。

“知识经济是以学习为基础的经济，与之相适应的社会是学习型社会。”面对信息爆炸和科学技术日新月异飞速发展，我们只有坚持不懈地学习，才能使用日新月异的劳动工具；也只有不断学习新的生存技能，才能跟得上时代的发展，从而在生存竞争中立于不败之地。

学习要选用适合自己的方法

有许多人常常抱怨：“我读的书并不比××少，可为什么我的收获没有他大呢？”实际上，如果你和他在其他方面的条件相同或相近的话，那么只能说你没有找到适合自己的学习方法，以致浪费了很多时间收益却不大。选择科学的、适合自己的学习方法，就能立竿见影、事半功倍。

许多成功者创造的方法，你或可直接“拿来”，或可结合自己的实际，加以改进和创造：如数学家华罗庚将书由厚变薄看作阅读能力提高标志的“厚薄法”；理学家朱熹读书的心到、眼到、口到的“三到法”；儒学家子思“博学之，审问之，慎思之，明辨之，笃行之”的“五步法”；学者陈善的“既能钻得进去，又能跳得出来”的“出入法”；孔子“学而不思则罔，思而不学则殆”的“学思结合法”；孟子“尽信书不如无书”的独立思考法；韩愈的“提要钩立法”；俄国生理学家巴甫洛夫的“循序渐进法”；哲学家狄慈根的“重复法”，等等。

大凡成功者，读书的方式都与众不同，你可以学习一些他们积累知识的方法。下面我们以郑板桥为例：

第一种："善诵精通"。

郑板桥不但是"康熙秀才、雍正举人、乾隆进士"，还是中国清代著名画派"扬州八怪"的领袖人物。郑板桥有三绝、三真。三绝分别是画、诗、书，三真分别是真气、真意、真趣。

郑板桥总结出了"善诵精通"的读书方法，他认为读书必须要记诵。他曾这样描述过他读书时的情景："人咸谓板桥读书善记，不知非善记，乃善诵耳。板桥每读一书必千百遍，舟中、马上、被底，或当食忘匕箸，或对客不听其语，并非自忘其所语，皆记书默诵也。"

郑板桥不仅主张善诵，而且推崇"学贵专一"，即读书不能泛泛而读、毫无目的，而应该有选择、有针对性。

因此，我们可以从郑板桥的读书方法中得出这一宝贵经验：在记诵时讲究"诵"与"精"两个字。

第二种："四多"方案。

就是多读、多写、多想、多问。

(1) 多读。

所谓多读，一是指读的书数量多、内容广；二是指对有价值的文献书籍读的次数多，以至熟记于胸。

(2) 多写。

"不动笔墨不读书。"做笔记、写随感等也是读书的重要方法，这种方法可以增强我们的记忆。

(3) 多想。

多想是指读书时不仅要准确把握作者的思想，同时也要将自己的观点以及对书的一些看法用笔"谈"出来，似乎与作者切磋一般。这种"笔谈"使读书变成了反复思考的过程，对学习大有帮助。

(4) 多问。

就是要养成勤学好问的习惯，"学问，讲的就是既学又问"。可以经常请教很多学者，发问不已。

也许你可以从上面所说的方法中找到一个最适合自己的，但更多的时候你会发现生搬硬套别人的学习方法到自己这里就行不通了。这时，你就要对这些方法做适当调整、修改，使之更适合自己，为自己服务。

养成终身学习的习惯

许多人以为，学习只是青少年时代的事情，只有学校才是学习的场所，自己已经走入社会了，没有必要再进行学习，除非为了取得文凭。

这种想法乍一看似乎很有道理，其实是不对的。在学校里自然要学习，难道走出校门就不必再学了吗？学校里学的那些东西，就已经够用了吗？

其实，我们在学校里学的东西是十分有限的。工作中、生活中需要的相当多的知识和技能，课本上都没有，老师也没有教给我们，这些东西完全要靠我们自己在实践中边学边摸索。

可以说，如果我们不继续学习，我们就无法获得生活和工作需要的知识，无法使自己适应急速变化的时代，我们不仅不能完成本职工作，获得梦想的成功，反而有被时代淘汰的危险。

在知识经济时代，终身学习已经成为一个人取得成功的必要条件。据统计，20 世纪后半叶美国成功的企业家中有 65%的人受过高等教育，另有 30%的人承认虽没有受过高等教育，但在工作中能努力学习知识，可谓自学成才。

可以肯定地说，终身学习是成功人士的一大特质。

微软创始人比尔·盖茨从小就是一个“小大人”，他喜欢读成人的作品。除了在学校的时间，他都把自己关在家中的书房里，随意翻阅父亲的藏书。在 7 岁时，盖茨最爱读的书是《世界图书百科全书》。像他那么大的孩子中，没有谁能像他那样耐心地、认真地把这么大的一部书读完。也许正是这些书为他打开了通向理性世界的大门，为他今后的事业打下了牢固的基础。

事业有成之后，在一次采访中，比尔·盖茨透露说他已不看电视了。他这么做不是因为他不喜欢看，而是那不值得他花费时间。在他的别墅里有一间藏书 1.4 万册的大图书馆——对于他这样一个容易受好奇心驱动，对方方面面都感兴趣的人来说，这是十分必要的。他说他一直翻看《金融家》杂志来关注世界新闻。为了确保最有效地利用时间，他总是在最后一分钟才起身去机场。

比尔·盖茨对度假几乎也有同样的原则。盖茨从未休过假，他认为休假是弱者的表现。现在他一年休几次假，并赋予假日不同的主题，这样他可以更好地利用假期。例如，几年前，他去了趟巴西，他把这次假期命名为物理主题假期。在度假期间，他阅读了大量的物理书籍。

为了紧紧跟上新科技发展的速度，盖茨会召集某一科技领域的最出色的专家给他详细讲解技术发展的情况。他把这段时间叫作“学习周”。通过这样的学习方式，他可以对某专题有深入了解。在这段时间里，盖茨像海绵一样吸收着知识的甘露。

“即使在科技领域，学习新东西也会带来无穷的乐趣。”他说，“例如，当我想找出我们在不同时期的转变模式到底会把我们导向何方时，我就会召集专家为我们讲解有关信息。我花两个星期‘学习周’，在那期间，我阅读专家们提供给我的材料，然后用最快的速度把它们组织在一起。”

终身学习的习惯让比尔·盖茨的思维能够紧跟科技和时代的发展，从而保证了微软公司能够在激烈的市场竞争中始终处于领先的地位。要想在未来的社会中有所成就，就应当把终身学习当成自己一项重要的习惯。

在人的一生中，随时都有接受教育的可能性。而且到了壮年以后，在很多方面的学习甚至比年轻时更有利，因为他积累了更多的经验，具有不同于青年人的判断力，深知光阴的宝贵，更善于利用一切机会来学习。

更进一步说，人的一生都是受教育的时间，我们提倡终身教育和终身学习。有许多人在学校时由于不努力而没能学到多少书本知识，但是到了中年以后，为了要补救知识上的缺憾，便开始努力用功，最终同样能取得惊人的成就。

终身教育，被联合国教科文组织认为是“知识社会的根本原理”，并已成为世界各国制定教育政策的主导思想。它突破了传统教育的界限，动摇了传统教育大厦的基石，带来了整个教育的革命，被认为是“可以与哥白尼日心说带来的革命相媲美，是教育史上最惊人的事件之一”。与终身教育相应提出的终身学习，就是指一个人在一生中，要持续不断地学习。

终身学习宣告了“学历社会”的终结，宣告了把人生分为两半——学习和工作的传统观念的错误。

终身学习，已经成为21世纪社会的高能武器，越来越受到全世界的高度重视。它理所当然地成为知识经济时代的生存方式和提升自我的手段，也理应受到梦想成功的男孩的重视。

第十二章
善于创新——让男孩比别人领先一步

想象力是第一生产力

那些荒诞不经的想法，大胆的猜测，标新立异的假说，这些潜质思维的利剑，往往能劈开传统观念的枷锁，这就是你的想象力！

从古到今，许多对人类历史做出巨大贡献的伟人们，都将想象力看作是一种不可或缺的能力。法国学者狄德罗说："想象，这是种特质。没有它，一个人既不能成为诗人，也不能成为哲学家，也就不成其为人。"瑞典化学家诺贝尔说："想象是灵魂的眼睛。"现代物理学的开创者爱因斯坦说："想象力比知识更重要，因为知识是有限的，而想象力概括着世界的一切，推动着进步，并且是知识进化的源泉。严格地说，想象力是科学研究中的实在因素。"无论是在人类生活的哪个领域，想象力都发挥着至关重要的作用。

1882 年，费勃出生在地中海边的法国马赛市，爸爸是一位造船师。有一天，小费勃跟着爸爸来到海边玩，看到远处的大海上驶来了一条船，便好奇地问："爸爸，船为什么能在水里跑呀？"

"船下有螺旋桨，能够划动水，水动了，就把船推走啦。"爸爸乐呵呵地说。

“有没有在天上飞的船呢?”小费勃好像要打破砂锅问到底。

“傻孩子，那就不叫船啦，应该叫飞机才对。不过，飞机只能在天上飞，不能在水上跑。”

“嘿！长大了，我一定要造一艘能飞到天上的船。”小费勃握紧了拳头。

“好啊，有出息，现在好好学习，将来才能实现这个美好的愿望!”爸爸欣慰地拍了拍小费勃的肩头。

转眼到了1905年，23岁的费勃先后完成了工程学、流体学、空气动力学等学科的学习，真正开始了飞船的制造。经过4年的努力，他造出了第一艘水上“飞船”，其实就是在一般的飞机下安装3个浮筒，使飞机能浮起来，但是无法飞起来。直到1909年，他才造出一艘与众不同的“船”：机身前面是一个浮筒，机翼下面还有两个浮筒；机翼安装在机身的后面。整个“船”的构架是木头做成的，浮筒是胶合板制成的，整个“船儿”既轻巧又灵便。

1910年3月28日，费勃带着他自制的这艘与众不同的“船”，在马赛市的海面进行了试验。在众人的瞩目下，他启动了发动机，随着一阵轰鸣声，“船”像离弦的箭般向前飞奔起来，顿时在水面上划出了一道耀眼的水波。他成功了，他的船以每小时60公里的速度直线飞行，在空中飞行了500米左右，成了人类第一艘能够飞上天的船，或者说是第一架能够从水面上起飞的飞机!

第二年，在摩纳哥举行的船舶展览会上，费勃驾驶着自己制造的船进行水上飞行表演，再获成功。现在，科学家对费勃设计的水上飞船进行了改进，把机身改成了船形，取消了浮筒，成了真正的“飞船”。

一个童年时的想象，费勃将其变为了现实，从而创造了飞船。由以上案例可见，很多伟大的成就，都是从跳跃的想象开始的。想象能够充分激发人体潜藏的能量，使思维之流逍遥神驰，它会让头脑变得活跃而充满创造力，这样的头脑具备了创造奇迹、改写历史的能力。

在生命的旅途中，想象力就像是个调皮的精灵，它不停地环绕在你的周围，总是给你灵感，激发你的创造能量！所以，男孩要想让你的生命永远光鲜亮丽，那就为自己插上一双想象的翅膀吧！

打破规则才能有所超越

"规则"不仅仅指我们应该遵守的规矩，更广义的层面上指我们所遵循的常规，或常理，因此"改变规则"引申开来，即指我们不能墨守成规，打破常规体现了你的人生创意。亚历山大大帝在这方面为我们做出了榜样：

传说公元前213年冬天，马其顿·亚历山大大帝进兵亚细亚。当他到达亚细亚的弗吉尼亚城，听说城里有个著名的预言：几百年前，弗吉尼亚的戈迪亚斯王在其牛车上系了一个复杂的绳结，并宣告谁能解开它，谁就会成为亚细亚王。

自此以后，每年都有很多人来看戈迪亚斯打的结。各国的武士和王子都来试解这个结，可总是连绳头都找不到，他们甚至不知从何处着手。亚历山大对这个预言非常感兴趣，命人带他去看这个神秘之结。幸好，这个结尚完好地保存在朱庇特神庙里。

亚历山大仔细观察着这个结，许久许久，始终连绳头都找不到。这时，他突然想到："为什么不用自己的行动规则来打开这个绳结！"于是，他拔出剑来，一剑把绳结劈成两半，这个保留了数百年的难解之结，就这样轻易地被解开了。

亚历山大打破常规的方式，用简单的方法解决了看似复杂的问题，最终将困难化解于无形。

人生创意最大的限制是脑海里的那个结。循规蹈距、一成不变是人性中的惰性所为，固守尘封让我们在既定的框架和模式中毫无作为。当别人还在按部就班地遵从游戏规则的时候，男孩不妨用你的创意改变游戏规则，创造属于你自己的规则。

善于变通，适时突破

在规则之下，人们往往会形成一种思维定式。如果想要有所创新与突破，就必须首先打破这些既定的规则。艺术大师毕加索曾说过：“创造之前必须先破坏。”小说家、戏剧家契诃夫也曾说：“人们厌烦了寂静，就希望来一场暴风雨；厌烦了规规矩矩气度庄严地坐着，就希望闹出点乱子来。”创新作为一种最灵动的精神活动，最忌讳的就是教条。任何形式的清规戒律，都会束缚其手脚。只有敢于打破常规标新立异的人，才能真正有所作为，才能敞开胸怀拥抱成功。

男孩要想成功，就必须善于变通，敢于标新立异，推陈出新。在这里，美国商界奇才尤伯罗斯为我们做出了一个很好的榜样。

1984 年以前的奥运会主办国，几乎是“指定”的。对举办国而言，往往是喜忧参半。能举办奥运会，自然是国家的荣誉，还可以乘机宣传本国形象，但是以新场馆建设为主的大规模硬件软件投入，又将使政府负担巨大的财政赤字。1976 年加拿大主办蒙特利尔奥运会，亏损 10 亿美元，当时预计这一巨额债务到 2003 年才能还清；1980 年，莫斯科奥运会总支出达 90 亿美元，具体债务更是一个天文数字。奥运会几乎变成了为“国家民族利益”而举办，为“政治需要”而举办，赔本已成奥运定律。

鉴于其他国家举办奥运的亏损情况，洛杉矶市政府在得到主办权后即做出一项史无前例的决议：第 23 届奥运会不动用任何公用基金，因此而开创了民办奥运会的先河。

尤伯罗斯接手奥运之后，发现组委会竟连一家皮包公司都不如，没有秘书、没有电话、没有办公室，甚至连一个账号都没有。一切都得从零开始，尤伯罗斯决定破釜沉舟。他以 1060 万美元的价格将自己的旅游公司股份卖掉，开始招募人员，把奥运会商业化，进行市场运作。

第一步，开源节流。

尤伯罗斯认为，自1932年洛杉矶奥运会以来，规模大、虚浮、奢华和浪费成为时尚。他决定想尽一切办法节省不必要的开支。首先，他本人以身作则不领薪水，在这种精神感召下，有数万名工作人员甘当义工；其次，沿用洛杉矶现成的体育场；最后，借用当地的3所大学宿舍。仅后两项措施就节约了数以10亿计的美元。

第二步，举行声势浩大的“圣火传递”活动。

奥运圣火在希腊点燃后，在美国举行横贯美国本土的1.5万公里圣火接力跑。用捐款的办法，谁出钱谁就可以举着火炬跑上一程。全程圣火传递权以每公里3000美元出售，1.5万公里共售得4500万美元。尤伯罗斯实际上是在卖百年奥运的历史、荣誉等巨大的无形资产。

第三步，别具一格的融资、赢利模式。

尤伯罗斯创造了别具一格的融资和赢利模式，让奥运会为主办方带来了滚滚财源。尤伯罗斯出人意料地提出，赞助金额不得低于500万美元，而且不许在场地内包括其空中做商业广告。这些苛刻的条件反而刺激了赞助商的热情。一家公司急于加入赞助，甚至还没弄清所赞助的室内赛车比赛程序如何，就匆匆签字。尤伯罗斯最终从150家赞助商中选定30家。此举共筹到1.17亿美元。

最大的收益来自独家电视转播权转让。尤伯罗斯采取美国三大电视网竞投的方式，结果，美国广播公司以2.25亿美元夺得电视转播权。尤伯罗斯又首次打破奥运会广播电台免费转播比赛的惯例，以7000万美元把广播转播权卖给美国、欧洲及澳大利亚的广播公司。

第四步，出售与本届奥运会相关的吉祥物和纪念品。

尤伯罗斯联合一些商家，发行了一些以本届奥运会吉祥物山姆鹰为主要标志的纪念品。通过这四步卓有成效的市场运作，在短短的十几天内，第23届奥运会总支出5.1亿美元，赢利2.5亿美元，是原计划的10倍。尤伯罗斯本人也得到47.5万美元的红利。在闭幕式上，时任国际奥委会主席的萨马兰奇向尤伯罗斯颁发了一枚特别的金牌，报界称此为“本届奥运最大的一枚金牌”。

在人们习以为常的规则面前，虽然平稳却少了几分发展的激情与冲动，不妨打破常规、不按常理出牌，有时会有意想不到的惊喜降临。男孩要学会适当变通，让对手永远猜不透我们在想什么，永远跟不上我们的节奏，就更容易获得成功。

大胆实践心中的创意

一个年轻人乘火车路过了一片荒无人烟的山野。由于旅途困乏，他百无聊赖地望着窗外，不知道该干点什么。这时，火车减速，一座农房慢慢进入了人们的视野。

这本是一间普通的平房，可因为它出现在人们神经极度困乏的时候，所以，几乎所有的乘客都睁大眼睛仔细地欣赏这个特别风景。

看着这样的情景，这个年轻人的心为之一动。于是，他中途下了车，找到了那座房子的主人。年轻人向房子的主人表达了想要买下这所房子的意愿，房主听了，非常高兴。因为这所房子每天门前都要驶过很多火车，噪音实在使他们受不了，他们一直以来就想卖掉这所令人烦恼的房子，现在居然有人找上门，实在感到喜出望外。结果，这个年轻人仅用 3 万元就买下了那间平房。

年轻人买下房子并不是为了居住，他觉得这座房子正好处在拐弯处，火车经过这里都会减速，所以他就突发奇想，打算拿这座房屋做广告墙。于是，他开始和一些大公司联系，后来一家大公司用 18 万元租金跟他签下了 3 年合同。

一座被废弃的破房子，因为年轻人的创意成了跨国公司的广告墙，给年轻人带来了源源不断的收入。而那些与年轻人同车的旅客，习惯了固有的思维方式，看到的只是事物的表象，所以财富与他们总是擦肩而过。

这个年轻人敢于走别人没有走过的路，努力去实践心中大胆的创意，最终一步步迈向成功。

20世纪80年代初，“随身听”风靡一时，几乎每个青年人都会在腰间挂一个“Walkman”，按下按钮，优美的乐曲如水般流淌在自己耳边……

随身听是日本新力公司董事长盛田昭夫的得意之作。当年，细心的盛田昭夫发现，很多喜欢音乐的年轻人只能在房间内或汽车中欣赏音乐，出了门、下了车，便无法再听到优美的音乐，许多年轻人甚至因为音乐而不喜爱户外运动。

于是，盛田昭夫想到：是否能够开发出一种可以让人们在房子、汽车之外欣赏音乐的产品呢？当他把这个构想在公司的产品设计委员会上提出之后，除了一个年轻人兴致勃勃地表示这是个非常棒的构想之外，其他的人都认为不可思议而加以反对。

但是，盛田昭夫坚持自己的想法，他最终力排众议，并开始着手开发这一产品。产品开发成功后，第一批的产量是3万台！这一数字充分显示了盛田昭夫“敢想敢做”的强势气场！

许多人对于这3万台的销路表示忧虑，盛田昭夫为了鼓舞士气，信心十足地立下誓言：“年底之前销售量若达不到10万台，我便引咎辞职。”

果然不出所料，这种叫Walkman的新产品上市之后，立即引起年轻人的抢购，销售量势如破竹，到了当年年底，已突破40万台！盛田昭夫不但保住了总经理的职位，而且Walkman还成了公司获利最多的商品。

紧接着，盛田昭夫在Walkman的产品功能上再做改良，以扩大市场并应付竞争者的挑战。第三年，Walkman在全球的销售量已达到400万台，创造了该公司单一产品在一个年度内最高的销售量纪录，也再度证明了盛田昭夫敢于创新的胆识和远见。

哈佛大学的教授们经常说的一句话就是："这个世界上没有什么不可能。"我们平时也经常听到"没有做不到，只有想不到"这句话。很多时候不是因为我们做不到，而是因为不敢想、不愿想。所以，不要惧怕创新，创新就是"敢"于打破常规的束缚。唯有敢于实践心中创意的人，才能够取得异于常人的成就！

不断创新，成功就会降临

不断创新，成功才会降临到你的身上。如果你一直守成不变，那你就永远也不可能成功。

日本有一家技术公司，公司上层发现员工一个个萎靡不振，面带菜色。经咨询多方专家后，他们采纳了一个简单而别致的治疗方法——在公司后院中用圆滑光润的800个小石子铺成一条石子小道。每天上午和下午分别抽出15分钟时间，让员工脱掉鞋在石子小道上随意行走散步。起初，员工们觉得很好笑，更有许多人觉得在众人面前赤足很难为情，但时间一久，人们便发现了它的好处，原来这是极具医学原理的物理疗法，起到了一种按摩的作用。

一个年轻人看了这则故事，深受启发。他请专业人士指点，选取了一种略带弹性的塑胶垫，将其截成长方形，然后带着它回到老家。老家的小河滩上全是光洁漂亮的小石子。他让石料厂将这些拣选好的小石子一分为二，一粒粒疏密有致地粘满胶垫。干透后，他先上去反复试验感觉，反复修改了好几次后，确定了样品，然后就在家乡开始批量生产。后来，他又把它们分为好几种规格，产品一生产出来，他便尽快将产品鉴定书等手续一应办齐，然后在一周之内就把能代销的商店全部上了货。

将产品送进商店只完成了销售工作的一半，另一半则是要把这些产品送进顾客手里。随后的半个月内，他每天都派人去做免费推介员。商店的代销稳定后，他又开拓了一项上门服务：为大型公司在后院中铺设石子小道；为幼儿园、小学在操场边铺设石子乐园；为家庭装铺室内石子过道、石子浴室地板、石子健身阳台等。一块本不起眼的地方，一经装饰便成了一块小小的乐园。

紧接着，他将单一的石子变换为多种多样的材料，如七彩的塑料、珍贵的玉石，以满足不同人士的需要。

800 粒小石子就此铺就了一条赚钱之路。

不要担心自己没有创新能力，惠能和尚说：“下下人有上上智。”创新能力与其他能力一样，是可以通过教育、训练而激发出来并在实践中不断得到提高的。它是人类共有的可开发的财富，是取之不尽、用之不竭的“能源”，并非为哪个人、哪个民族、哪个国家所专有。因此，人人都能创新。

男孩现在需要做的就是不断激发自己的创新能力，多一些想法，多一些创造，那么成功迟早会来临。

突破思维定式

阻碍我们进步和创新的并不是未知的知识，而是已知的知识，要培养自己的创新能力，我们就应当突破自己的思维定式，学会换一个角度看事物。下面一个小故事形象地说明了思维定式对人判断力的影响。

李凡是一所中学的心理辅导老师。一天，他对某中学的一个特长班的学生做了一次智力测试，结果发现这个班的学生得分很高，智商属于“天赋极高”之列。面对这群日益骄傲的少年，刚公布完答案的李老师笑了。他对同学们说：“嗨，同学们，我来出一道题考考你们的智力，出一道思考题，看你能不能回答正确?”

教室里安静下来，同学们纷纷表示同意。李老师便开始说思考题：

“有一位聋哑人，想买几根钉子，就来到五金商店，对售货员做了这样一个手势：左手食指立在柜台上，右手握拳做出敲击的样子。售货员见状，先给他拿来一把锤子，聋哑人摇摇头。于是售货员就明白了，他想买的是钉子。”李老师接着说：“聋哑人买好钉子，刚走出商店，接着进来一位盲人。这位盲人想买一把剪刀，请问：盲人将会怎样做?”不少同学随口答道：“盲人肯定会这样——”他们伸出食指和中指，做出剪刀的形状。听了同学们的回答，李老师开心地笑起来：“是吗？这是正确答案吗？盲人想买剪刀，只需要开口说‘我买剪刀’就行了，他为什么要做手势呀?”

同学们沉默了，只得承认自己的回答错误。而李老师在考问他们之前就认定他们肯定要答错。如果走不出自己的思维定式，即使有一个很高的智商分数也不会拥有高智能，当然更不会培养出创新的品质。

逆向思维是一种打破定式思维的常见方法，同时也是一种很重要的创新思维。

日本丰田汽车公司的创造人丰田喜一郎说过这样的话：“如果我取得了一点成功的话，那是因为我对什么问题都倒过来思考。”

原来的破冰船起作用的方式都是由上向下压，后来科学家们倒过来想，研制出了潜水破冰船，这种破冰船将“由上向下压”改为“从下往上顶”，既提高了破冰效率，又减少了动力消耗。

法国微生物学家巴斯德通过研究和实验，证实了细菌可以在高温下杀死，食物可以煮沸以后保存。英国科学家汤姆逊倒过来思考，推想细菌也可能在低温下杀死或使其停止活动，食物也可以通过冷却过程加以保存。深入研究后，他终于发明了冷藏新工艺。这就是突破思维定式的结果。

很多人不敢打破常规的思维方式，所以他们走不出宿命般的可悲结局；而一旦走出了思维定式，也许可以看到许多别样的人生风景，甚至可以创造新的奇迹。

勇于创新，不要畏惧失败

创新意味着机会，同时也意味着风险。男孩要养成创新的品质，就不要畏惧失败，要敢于创新。

第二次世界大战期间，纳粹德国给世界人民带来巨大的灾难。但在战争期间，其军事将领们也给战争史留下许多创造性的战例。

1942年2月12日中午，英国海军和空军重兵布防的英吉利海峡上空，一架英国战斗机在例行巡逻。突然，飞行员发现有一队德国舰队大摇大摆地从远处开了过来，他立即将这一发现向司令部报告。英国司令部的军官们大惑不解，德国舰队怎么可能在大白天从英吉利海峡通过，是不是飞行员搞错了？

英国人忙于思考和争论，却没顾及到时间正一分分溜走。直到过了近1个小时，又一架英军侦察机发现德舰已经闯入海峡最窄也是最危险的地段了，并且正在全速行驶时。英军指挥官们才意识到敌情的严重性，等他们判定真相，调集部队，下令进攻时，德国舰队已经远离了最危险的地段，给其致命打击的机会已经丧失。

整个下午，英军虽然不断出动飞机、驱逐舰对德国舰队进行拦截，但由于仓促上阵，反而被严阵以待的德军给予了沉重打击。就这样，德国人在英国人的眼皮底下，将驻泊在法国布雷斯特港内的舰队顺利地移至挪威海面，增强了那里的战斗力。

原来，这一切都是德军为完成这次战略转移精心策划的大胆行动。因为从法国到挪威有两条路线可走，一条是向西绕过英伦诸岛北上，这条航线路途遥远，费时费力，如果遭遇兵力占绝对优势的英国军队，后果将不堪设想；另一条航线则是直穿英吉利海峡，但此处有英国海、空军的重兵布防，同样是危机重重。

最后，德军指挥官经过反复权衡后，决定在英国根本没有想到的情况下，出其不意地令舰队闯过英吉利海峡，在夜间出发，白天通过英吉利海峡最危险的多佛和加莱之间的地段。

这一大胆冒险的行动果然成功，庞大的德国舰队在飞机的掩护下，在英国人认为绝不能的时候出现，在英军来不及判断和阻挠的情况下，大胆地闯过英吉利海峡，给英国人上了一堂生动的战争教学课。

这场战役带给我们一个启示：创新与风险并存，如果你要创新，就不能畏惧失败，而创新有可能更容易成功。

在创新的道路上，往往有失败和风险同行。成功属于能够不畏艰险，善于从失败中汲取经验并坚持到底的人。

失败往往是成功之母，只要态度正确、运用得当，失败常常孕育出成功的创新。丰田汽车在美国制造的奇迹就是一个显而易见的事实。

20世纪60年代，丰田人初次进军美国市场，即遭惨败。开到美国高速公路上的皇冠车，由于功率不足，根本就跑不起来，其他性能更是没法说。在美国的先行者写信回日本，建议放弃整个计划。但是总部坚持经历就是财富，认为哪怕卖出一辆也是胜利，更重要的是，通过一次次的失败，创新成功的概率就会越来越大。

事实表明，这种面对失败而搞的创新是成功的，因为它有极充分的准备。丰田人看准了美国三大汽车公司的空当：都不愿生产小型汽年，并且质量和服务也不是很好。丰田人加紧创新，生产出了消除丰田车各项缺陷、满足美国人需求的新型车，那就是后来风行美国的丰田花冠。并且丰田人以优良的质量和售后服务，迅速弥补了美国汽车界的空白，占领了美国的市场。

自此以后，以丰田车为代表的日本车开始在美国站稳脚跟。

丰田人的创新正是从失败的教训中得来的。一位哲人曾经说过，世界上令人深刻记忆的东西，不是成功，常常是失败。因为失败是惨痛的，唯其如此，从血泪中得来的教训经验更是弥足珍贵，这也是为后来的创新大做准备。

创新求变意味着一定的风险，而对不可知的未来，人们承受压力的程度也大不相同。有的人对失败有一种天生的恐惧心理，或者怕丢面子，或者怕失去原有利益，归根到底，是不能正确认识失败。

其实，失败往往是促进进步和创新的良方。一次失利并不等于最终失败，惧怕失败而不敢创新的人，就如同害怕跌倒而停步不前的人，一直站在同一点上，而周围的世界却在不断变化，能不被时代淘汰出局吗？要创新，首先得准备接受失败的打击，把它当成成功创新中必经的一个关隘。

创新要注重知识的积累

创新虽然是一种创造性的行为，但是却离不开一定的知识基础。知识是创新的根本，离开了知识，创新只能是闭门造车。因此，一个人若想力图创新，必须及时更新旧知识，汲取新知识。如今是知识经济时代，需要的人才是善于学习的人，欣赏的组织是学习型的组织，唯有懂得学习的人，才是知识真正的主人，方能做到融会贯通，举一反三。

现在许多知名企业在选择新进人员时，不像纯技术时代那样看重专业，而是用能力测试来选择善于学习的人，他们的理论是，既然一个人已经知道了怎么去学习，又何愁他学不会相关的专业知识呢？所以，在这个激烈变革的时代，知识才是创新真正的源泉。一个人要想让知识成为自己创新的基础和动力，可以从下面几个方面入手：

1. 不断提高自身的学习能力

学习能力主要指的是人们更新知识、不断进步的能力。这如同那根能够点石成金的手指，而相应的，知识如同金子，有再多的金子也不如拥有那个手指，因为那意味着会拥有永不贬值的“黄金”。

学习能力意味着我们应该明白从什么途径获得知识，知道在什么时间去进行“充电”，以及怎样最有效地、最快地掌握知识。关键的是，怎样在实践中理解知识、运用知识、类推知识。如果我们能在上述各方面加强实力，取长补短，则一定会让自己的学习能力更上一层楼。

2. 要培养综合运用知识的能力

综合运用知识的能力指的是人们在实践过程中用来解决问题的能力，或者是从生活和工作中获取知识的能力。它是创新的灵魂，否则，创新只能是纸上谈兵，永远不可能实现或者运用。有的创新显然需要经过正规教育的专业知识，比如计算机行业、医师、机械，但是，也有的创新仅仅用生活中的简单常识就足够了。所以，应用知识不是局限在学校里的，生活中也有许多机会，只要你有一双明亮的眼睛和一个聪明的头脑，那么，世界将是你的。

知识是死的，创新是活生生的过程，因而如何将知识转化为可用的东西是人们的创新中必备的能力。从根本上说，它是创新能否成功的决定性因素。如何运用知识，就其本身来说不是专门积累知识或者吸取知识，而是关于怎样把知识转化为效果、效益，使知识发挥作用的过程和能力。

3. 要注意学习和借鉴他人的智慧

创新需要积极学习和借鉴他人的智慧，著名的物理学家、诺贝尔奖的获得者杨振宁就是一个善于向他人学习的人。

杨振宁博士大学毕业、初出茅庐时，“两眼一抹黑”，根本不知道从何处下手。可是，他很聪明，马上就去请教诺贝尔奖得主费米博士，很快得到了费米博士的指导。后来，费米又把他介绍给青年物理学家特勒。在费米和特勒的帮助和指导下，杨振宁没有辜负他们的希望，经过10多年的钻研，终于发现了“宇称不守恒”定律，一举夺得了诺贝尔物理奖。

从别人那里学习知识，借鉴别人的经验也是有讲究的，这里提供几点建议：

首先，要把握重点。即充分考虑自己的才能和爱好去加以选择。自己的才能结构如何？优势是什么？不足的地方又是什么？要做到心中有数。注意力不行的，就要学习人家如何集中注意力的技术；自制力不行的，就要向人家学习驾驭情感、控制行为的诀窍；记忆力不行的，就要学习人家培养记忆力的方法。

其次，要注重理解。“知其当然”，还要“知其所以然”。阿基米德为什么能发现皇冠的秘密？曹冲称象的方法是根据什么？都要从理论上把它搞清楚。吸取不是机械地吸取，要在理解的基础上吸取，如果囫囵吞枣，就会“消化不良”。

最后，要懂得创造性运用。吸取的目的是为了更好地创造，因此，吸取之后我们要会运用。医学上的叩诊，是 100 多年前奥地利医生奥恩布鲁格发明的。他父亲是个酒商，只需用手一敲酒桶，就能知道桶内有多少酒。由此，奥恩布鲁格联想到人的胸腔和酒桶相似，如用手敲胸腔，不也能诊断出里面的毛病吗？经过他反复实验，叩诊的方法诞生了，这位医生用的就是迁移原理。

人生本来就是一个不断实验，充满错误的过程。一个善于自省的人能够不断总结自己的行为，在错误中学习和成长。在一个人成长的过程中，经验的作用是无价的，只有经验才是真正的价值之源。一个人的经验可以借助于他的反省变成能力，变成成绩，变成财富。如果你真的能够做到经常反省自己，你的人格就会得到不断的完善，才能也会得到最大限度的发挥。

第十三章

惜时如金——珍惜时间就是珍惜生命

时间在你眨眼时偷偷溜走了

时间是人们的生命存在的形式之一。生命与时间，紧紧相依连，失去了时间，生命便成了虚幻；没有了生命，时间也就丧失了意义。

时间是最长的，它无始无终。新星爆发形成了星云，地球出现了江河，大地萌发了生命，原始森林里走出了人类，时间依然年轻，就时间的过去而言，不知流逝了多少；就时间的将来而论，它永无止境。

时间又是最短的，此时此刻你看了几行字，一分钟便消失了；深吸一口气，又花了半分钟。当你坐在课堂里发呆时，当你和朋友海阔天空地谈论无聊话题时，当你伸懒腰时，当你眨眼睛时，你可知道时间已经从你身边偷偷溜走了吗？看看下面这个小故事会对你有怎样的启发。

在皮尔森先生的书店里，一位犹豫了将近 1 个小时的男人终于开口问店员了：“这本书多少钱？”

“1 美元。”店员回答。

“1 美元？”这人又问，“你能不能少要点？”

“它的价格就是 1 美元。”没有别的回答。这位顾客又看了一会儿，然后问：“皮尔森先生在吗？”

“在，”店员回答，“但是，他正忙着一本书的出版工作呢。”

“可我还是要见见他。”这个人坚持一定要见皮尔森。

于是，皮尔森就被找了出来。

这个人问：“皮尔森先生，这本书你能出的最低价格是多少？”

“1 美元 25 分。”皮尔森不假思索地回答。

“1 美元 25 分？你的店员刚才还说 1 美元 1 本呢！”

“这没错，”皮尔森说，“但是，在你犹豫不决和与我讨价还价时，我的时间流走了，你要为占用我的工作时间付费，你不认为 25 分已经很便宜了吗？其他的话，我不多说了。”这位顾客惊异了。他心想，算了，结束这场自己引起的谈判吧，他说：“好，这样，你说这本书最少要多少钱吧。”

“1 美元 50 分。”

“又变成 1 美元 50 分？你刚才不还说 1 美元 25 分吗？”

“对。”皮尔森冷冷地说，“我现在能出的最低价钱就是 1 美元 50 分。”这人默默地把钱放到柜台上，拿起书出去了。

皮尔森用实际行为给这个男人上了令其终生难忘的一课：时间会在你做无意义的事情时流走，而流走的时间是无价的。

从此，这个男人争分夺秒地学习，最后终于成为一位有名的作家。

时间对人们来说就好比一笔财富。如果你不懂得珍惜，将钱用来买对你毫无价值的东西，起初你不会有所察觉，因为你的财产还有很多。但是，等到有一天，当你发现这笔财产已经被耗费得所剩无几时，想要再珍惜它就已经太晚了！我们对财富的消耗还能引起我们的警觉，因为它是一种有形的东西，但是，时间却看不见、摸不着，是一种无影无踪的东西，如果你不时时提醒自己，它就消逝了，而且根本不会引起你的警觉。

时间总在不经意间溜走，许多男孩对于光阴的流逝却很少在意，但是随着年龄的增长，时间就会越来越引起男孩的警惕，因为自己已经成为“时间强盗”的俘虏。

生活中有很多人甚至包括正在阅读的你，也许都有或多或少的丢三落四的习惯，这种坏习惯所带来的时间浪费值得引起我们的注意。比如，将当天用的课本落在宿舍，取书往返需要 10 分钟，这 10 分钟至少可以记忆 3 个单词。日积月累，丢掉的不只是几个单词、某件事物，而是时间，是知识，是金钱，是生命！

有的男孩喜欢睡懒觉，早晨赖在床上不起来。时间就在这种似睡非睡、迷迷糊糊的状态中流走了。一日之计在于晨，这是我们都明白的道理。早晨睡半小时懒觉的时间，你可以用来做 3 道数学题，朗读 1 篇文章，记下 10 个单词，而且效率要比平时高 30%。这样算来，你浪费的就不只是半小时时间这么简单了。

还有的男孩物品摆放没有规律。写作业时，找书本用去 5 分钟，找钢笔用去 3 分钟，之后又找铅笔、小刀、尺子、橡皮，等东西都找到了，20 分钟过去了。这些时间如果没有浪费，恐怕作业已经做完了。

还有做事磨蹭、发呆、闲聊等，这些都是男孩经常做而且十分浪费时间的事情。这就是我们所说的“时间强盗”。对付这些“时间强盗”最好的办法是：改掉丢三落四的毛病，早睡早起不赖床，将物品摆放整齐有规律，做事果断不拖沓，利用空闲时间做些有意义的事情，珍惜你拥有的每一分钟。

时间是“挤”出来的

有人说过这样一句话：“时间像海绵里的水，需要时，挤一挤，它就会出来。”是的，利用时间的一个很好的办法就是去“挤”。

任何事物都有其与众不同之处，时间也不例外，时间在某种程度上说是有弹性的。它“有时过得慢一些，有时过得快一些。又有时，特别敏锐地感到时间的步伐，这时，时间飞驰而去，快得只来得及让人惊呼一声，连回顾一下都来不及；而有时，时间却踯躅不前，慢得像粘住了一样，简直叫人难受，它突然拉长了，几分钟的时间拉成一条望不到头的线。”如果你抓住了它的特点，并善于利用它，那你就把握了运用时间的要领。你想成就事业，不但要养成惜时的习惯，同时也要抓住时间的特点，为自己赢得更多的时间、更多的机会。古今中外的成功者，正是利用时间的这种特征，不断充实时间的容量，充实自己生命的容量。

例如，著名电影艺术家夏衍在看一部片子之前，总会挤出一部分时间，先把影片说明书拿来，了解一下故事情节，然后自己设想：假使这个本子叫我来编，我该怎样介绍人物，怎样介绍时代背景，怎样展开情节，怎样表现人物性格，在心里打下了一个腹稿。而在电影开映之后，一边进行艺术欣赏，一边进行学习。

沈从文曾精辟地说：“挤，工作要挤才紧张，时间要挤才充裕。”他还说：“不挤才是不正常的，挤才是正常的，应该欢迎挤，要知道，挤是使人进步的一个重要因素。一个人一生多少是要对人民有点贡献的，都是靠挤时间创造出来的。一个人如果常年不挤，而是松松垮垮，他将一事无成，虚度年华，浪费了生命。可见，挤对人没有坏处。”

国外也有许多值得男孩学习的“挤”时间的高手。

有一个人从 26 岁开始，每天都要核算自己所用的时间，每个月底做小结，年终做总结。难能可贵的是，他 56 年如一日，直到 1972 年去世的那一天都没有间断过。

他靠的是记日记。没有什么能打乱他的这一习惯——休息、看报、散步、剃胡须……甚至女儿找他问问题，他都要在纸上做记号，一丝不苟地记下用了多少分钟。

他想方设法充分利用每一分钟的“时间下脚料”：乘电车时复习需要牢记的知识，排队时思考问题，散步时兼捕昆虫，在那些废话连篇的会议上演算习题……读书时间盘算得更细，“清晨，头脑清醒，我看严肃的书籍（哲学、数学方面的）；钻研一个半小时或两个小时以后，看比较轻松的读物——历史或生物学方面的著作；脑子累了，就看文艺作品。”他算自己一个小时的看书进度是：数学书 4～5 页，其他的书 20～

30 页。最令他自己满意的是 1937 年 7 月，“这个月我工作了 316 小时，平均每天 10.53 小时。如果把纯时间折算成毛时间，应该增加 25%～30%。我逐渐改进我的统计。”

他统计自己 1966 年所用的基本科研时间为 1906 时，超出原计划 6 小时，平均每天工作 5 小时 13 分；与 1965 年相比，则超出了 27 小时。1967 年他 77 岁，他对这一年时间的统计是：读俄文书 50 本，用去 48 小时；法文书 3 本，用去 24 小时；德文书 2 本，用去 20 小时；同朋友、学生往来用去 151 小时……

多么单调、枯燥的记录，像发电报一样乏味，像会计记账一样干巴，除了醒目的加减数字，没有一点人情世故。然而，这些都是这位学者“挤”时间的明证，我们从中可以看到他对待生活、对待事业严肃认真的态度，看到他对时间的无比珍视。

这个牢牢驾驭住了时间，创造出“时间统计法”的人，就是当代杰出的昆虫学家亚历山大・亚历山德罗维奇・柳比歇夫。

你是否已经掌握了自己挤时间的方法？清晨漫步在校园时，边走边听外语广播，既锻炼了身体又训练了听力；休闲时，选择看外语原声电影，在放松娱乐的同时学习外语，是不是很不错的方式呢？

重视时间的价值

歌德曾经说过：“你珍惜生命吗？那么就请珍惜时间吧，因为生命是由时间累积起来的。”

“别忘了，时间就是金钱。假设，一个人 1 天的工资是 10 个先令，可是他玩了半天或躺在床上睡了半天觉，他自己觉得他在玩上只花 36 个便士而已。错误！他已经失去了他本应该得到的 5 个先令……千万别忘了，就金钱的本质来说，一定是可以增值的。钱能变更多的钱，并且它的下一代也会有很多的子孙。

“假如一个人杀死一头能下仔的母猪，也就是毁灭了它的后一代，甚至于它的子子孙孙。假如谁消灭了5个先令的金钱，那样就等于消灭了它所有能产生的价值。换句话说，可能毁掉了一座金山。”

这段话是美国著名的思想家本杰明·富兰克林的一段经典名言，它简单直接地告诉人们这样一个道理：假如你想成功，就必须认识到时间的价值。

“一切节约归根到底都是时间的节约。”时间是你自己可以握在手中的最宝贵的财富。那些在事业上取得卓越成就的人都十分重视时间的利用。我们来看看法国著名作家巴尔扎克是怎样利用自己一天的时间的。

午夜，墙上的挂钟敲了12响，巴尔扎克准时从睡梦中醒来，他点起蜡烛，洗一把脸，开始了一天的工作。这是最宁静的时刻，既不会有人来打扰，也不会有债主来催账，这是他写作的黄金时间。

准备工作开始了，他把纸、笔、墨水都放在适当的位置上，这是为了不要在写作时有什么事情打断自己的思路。他又把一个小记事本放到写字台的左上角，上面记着章节的结构提纲。他再把为数极少的几本书整理一下，因为大多数书籍资料都早已装在他脑子里了。

巴尔扎克开始写作了，房间里只听见奋笔疾书的“沙沙”声。他很少停笔，有时累得手指麻木，太阳穴激烈地跳动，他也不肯休息，喝上一杯浓咖啡，振作一下精神，又继续写下去。

紧张有序的写作一直持续到早晨8点。此时巴尔扎克草草吃完早饭，洗个澡，紧接着就处理日常事务。印刷所的人来取墨迹未干的稿子，同时送来几天前的清样，巴尔扎克赶紧修改稿样。

修改稿样的工作一直进行到中午12点。整个下午的时间，他用来摘记备忘录和写信，在信上和朋友们探讨艺术上的问题。

吃过晚饭，他要对晚饭以前的一切略作总结，更重要的是，对明天要写的章节进行细致缜密的推敲，这是他写作中一个非常重要的环节，一个必不可少的步骤。晚上8点，他放下了一切工作，按时睡下了。

这普通的一天，只是巴尔扎克几十年间写作生活的一个缩影。

巴尔扎克曾经这样说过："我发誓要取得自由，不欠一页文债，不欠一文小钱，哪怕把我累死，我也要一鼓作气干到底。"他在生命弥留之际，还念念不忘尚未完成的《人间喜剧》。他向医生了解确实的病况，医生问他：

"你完成那些工作还要多少日子呢？"

"6个月。"

医生摇摇头。

"6个月都活不到吗？6个星期怎么样？"

医生还是摇摇头。

"至少6天总可以吧？我还可以写个提纲，也可以把已经出版的50卷校订一下！"

医生只是劝他即刻写遗嘱。

"什么？6个小时？"

就在他这样问着的时候，死神悄悄地来到了他身边。

虽然巴尔扎克没有完成心中的夙愿，但是他惜时如金的精神使他为后世留下了96部长中短篇小说和随笔，为世界文学的发展和人类进步产生了巨大的影响。

每个人在生活的每一天都必须考虑并安排好：我该为哪些事花费时间？哪一些可以忽略或缩短？

只有像计较金钱那样计较时间，我们才能在有限的人生中做更多有意义的事情。

警惕你的 "时间窃贼"

朱自清先生在他那篇著名的散文《匆匆》里写道：

燕子去了，有再来的时候；杨柳枯了，有再青的时候；桃花谢了，有再开的时候。但是，聪明的，你告诉我，我们的日子为什么一去不复返呢？——是有人偷了他们罢：那是谁？又藏在何处呢？是他们自己逃走了罢？现在又到了哪里呢？

……洗手的时候，日子从水盆里过去；吃饭的时候，日子从饭碗里过去；默默时，便从凝然的双眼前过去。我觉察他去的匆匆了，伸出手遮挽时，他又从遮挽着的手边过去。天黑时，我躺在床上，他便伶伶俐俐地从我身上跨过，从我脚边飞去了。等我睁开眼和太阳再见，这算又溜走了一日。我掩着面叹息。但是新来的日子的影儿又开始在叹息里闪过了。

时光的流逝在朱自清先生的笔下显得残酷而又真实。时间如同金钱，愈懂得利用的人，就愈能感受到它的价值，愈是贫穷的人，愈感觉它可贵。当我们富有时，往往不知道如何利用而任意挥霍，当自己真正需要的时候，时间却已经所剩无几了。这时候我们可能会产生“时间都到哪儿去了”的困惑。

时间管理学研究者们发现，人们的时间往往是被下述“时间窃贼”给偷走的。

1. 寻找东西

据对美国200家大公司职员做的调查，公司职员每年都要把6周时间浪费在寻找乱放的东西上面。这意味着，他们每年要损失10%的时间。对付这个“时间窃贼”，有一条最好的原则：不用的东西扔掉，不扔掉的东西分门别类保管好。

2. 懒于行动

对付这个“时间窃贼”的办法是：

(1) 使用日程安排簿。

(2) 在家居之外的地方工作。

(3) 及早开始。

3. 时断时续

研究发现，造成浪费时间最多的是干活时断时续的方式。因为重新工作时，人们需要花时间调整大脑活动及注意力后，才能在停顿的地方接着干下去。

4. 为过去惋惜或空想未来

老是想着过去犯过的错误和失去的机会，欷歔不已，或者空想未来，这两种心境都是极浪费时间的。

5. 拖拖拉拉

这种人花许多时间思考要做的事，担心这个担心那个，找借口推迟行动，又为没有完成任务而悔恨。在这段时间里，其实他们本来能完成任务而且转入下一个工作的。

6. 未认清问题便盲目行动

这种人与拖拉作风正好相反，他们在未获得对一个问题的充分信息之前就匆忙行动，以至于往往需要推倒重来。这种人必须培养自己的自制力。

7. 分不清轻重缓急

即使是避免了上述大多数问题的人，如果不懂得分清轻重缓急，也达不到应有的效率。

区分轻重缓急是时间管理中很关键的问题。许多人在处理日常事务时，完全不考虑完成某个任务之后他们会得到什么好处。这些人以为每个任务都是一样的，只要时间被工作填得满满的，他们就会很高兴。或者，他们愿意做表面看来有趣的事情，而不理会不那么有趣的事情。他们完全不知道怎样把人生的任务和责任按重要性排队，确定主次。在确定每一天具体做什么之前，要问自己 3 个问题。

(1) 我需要做什么？——明确那些非做不可又必须自己亲自做的事情。

(2) 什么能给我最高回报？——人们应该把时间和精力集中在能给自己最高回报的事情上。

(3) 什么能给我们最大的满足感？——在能给自己带来最高回报的事情中，优先安排能给自己带来满足感和快乐的事情。

随时警惕你的“时间窃贼”，切记珍惜时间就是珍惜生命。时间是生命的本钱，一个人浪费了时间就是送掉了自己的生命。时间来得匆匆，去得也匆匆，要想使自己的生活更有意义，就应该珍惜属于自己的短暂时间。

时间对每个人来说都是平等的，珍惜时间的人就会得到无穷无尽的财富，而浪费时间的人将一无所获。

善于利用零碎时间

所谓零碎时间，是指不构成连续的时间或一个事务与另一事务衔接时的空余时间。这样的时间往往被人们毫不在乎地忽略过去。零碎时间虽短，但倘若一日、一月、一年地不断积累起来，其总和将是相当可观的。凡是在事业上有所成就的，几乎都是能有效地利用零碎时间的人。

本杰明·富兰克林曾说过：“世界上真不知有多少可以建功立业的人，只因为把难得的时间轻轻放过而默默无闻。”

滴水成河，用“分”来计算时间的人，比用“时”来计算时间的人，时间多59倍。

美国近代诗人、小说家和出色的钢琴家艾里斯顿善于利用零散时间的方法和体会颇值得我们借鉴。他写道：

其时我大约只有14岁，年幼疏忽，对于爱德华先生那天告诉我的一个真理，未加注意，但后来回想起来真是至理名言。从那以后我就得到了不可限量的益处。

爱德华是我的钢琴教师。有一天，他给我教课的时候，忽然问我：“每天要练习多少时间钢琴？”我说大约每天三四小时。

“你每次练习，时间都很长吗？是不是有个把钟头的时间？”

“我想这样才好。”

“不，不要这样！”他说，“你将来长大以后，每天不会有长时间的空闲的。你可以养成习惯，一有空闲就几分钟几分钟地练习。比如在你上学以前，或在午饭以后，或在工作的休息闲余，5 分钟、5 分钟地去练习，把小的练习时间分散在一天里面，如此则弹钢琴就成了你日常生活中的一部分了。”

当我在哥伦比亚大学教书的时候，我想兼从事创作。可是上课、看卷子、开会等事情把我白天、晚上的时间完全占满了。差不多有两个年头我不曾动笔写一个字，我的借口是没有时间。后来才想起了爱德华先生告诉我的话。到了下一个星期，我就把他的话实践起来。只要有 5 分钟左右的空闲时间，我就坐下来写作 100 字或短短的几行。

出乎意料之外，在那个星期的终了，我竟积有相当的稿子准备我做修改。

后来我用同样积少成多的方法，创作长篇小说。我的教授工作虽一天繁重一天，但是每天仍有许多可资利用的短短余闲。我同时还练习钢琴，发现每天小小的间歇时间，足够我从事创作与弹琴两项工作。

零碎时间也可以为我们创造出很大的价值，世界上有很多有成就的人都十分重视利用零碎时间。著名的生物学家达尔文就是一个很好的例子。

一天，生病的达尔文坐在藤椅上晒太阳，面容憔悴，精神不振。一个年轻人路过达尔文的面前。当他知道面前这位衰弱的老人就是写了著名的《物种起源》等作品的达尔文时，不禁惊异地问道：“达尔文先生，您身体这样衰弱，常常生病，怎么能做出那么多事情呢?”达尔文回答说：“我从来不认为半小时是微不足道的很小的一段时间。”

的确，达尔文非常珍惜时间，他曾在给苏珊·达尔文的信中说：“一个竟会白白浪费 1 小时的人，不懂得生命的价值。”

爱因斯坦曾组织过享有盛名的“奥林比亚科学院”，每晚例会，他总是愿意同与会者手捧茶杯，开怀畅饮，边喝茶，边谈话。爱因斯坦就是利用这种闲暇时间，交流自己的思想，把这些看似平常的时间利用起来。后来他的某些理想主张、他的各种科学创见，在很大程度上产生于这种饮茶之余的时间里。

爱因斯坦并没有因为这是闲暇时间而休息，而是在休闲时工作，在工作中休闲饮茶，这是很好的结合。现在，茶杯和茶壶已渐渐地成为英国剑桥大学的一项“独特设备”，以纪念爱因斯坦的利用闲暇时间的创举。鼓励科学家利用剩余时间，创造更大的成就，在饮茶时沟通学术思想，交流科学成果。这种“闲不住”的人们可以在闲暇时间里积极开创自己的“第二职业”。

零碎时间看起来十分短暂，但如果你善加利用，积少成多，时间长了也是一笔很好的财富。

下面举出几个利用零碎时间的方法供你学习：

1. 提高执行速度

动作的快慢决定着需耗用的时间长短。

看过这样一件事，说的是一个闲着无事的老大爷，为了给远方的孙女寄张明信片，可以花上 1 天的时间。老大爷买明信片时用了两个小时，找老花镜用了两个小时，找地址用了 1 个小时，写明信片用了两个小时，投寄明信片用了 1 个小时。

换一个动作迅捷的人，那么几分钟的时间他便能办好这位老大爷所做的事。

2. 利用“边角料”时间

时间在鲁迅先生的笔下被比作海绵里的水，挤，便会有。做事情只有快，却不懂得“挤”时间，也是不完美的。要利用好零碎时间，就要养成一种敢于挤、善于挤的精神。养成挤时间的良好习惯，对于学习是非常重要的。那么你如何在快速的生活节奏和繁忙的工作中挤出时间呢？

我们要提高时间的利用率，就要学会化零为整，善于把时间的“边角余料”拼凑起来，加以利用。

3. 善于利用假日

按照中国的有关规定，每个人每年节假日的休息时间为 10～11 天，再加上周末的时间，一年就会有 130 天左右的假期。如果你把这段时间巧妙地加以利用，也会有一定的收获。

著名数学家科尔用 3 年内的全部星期天解开了“2 的 62 次方减 1”是质数还是合数的数学难题。

这 3 年的星期天多么有意义！其实，时间就在我们手中，就是看你怎样去利用它。

不浪费一分一秒

袁弘涛是个每一方面都很优秀的同学，他学习成绩名列前茅，他是学校学生会的主席，他是班级合唱的指挥，他参加演讲比赛也有出色的表现，他是学校运动会长跑比赛的第三名。总之，他是个优秀的学生，很多人都希望自己能像袁弘涛一样优秀。

袁弘涛的秘密在于，他能够合理安排自己的时间。他在每一分钟里都很投入地做事情，而且每一分钟都不肯浪费。

每天上课的时间是固定的，他很认真地听讲，争取当堂消化老师讲授的内容，不在课堂之外消耗太多的复习时间。课余活动的时间也是固定的，在每次课外活动的时候，他都非常认真地参与到活动中去，尽量在有限的时间里掌握更多的内容，这样就不用回家之后专门练习了。他从小学就坚持跑步，从不间断，虽然有时候看见别人玩，自己也想过放弃，但是到了锻炼的时间段，他还是坚持了下来。这样，课外活动、课堂学习、学校的活动他一项都没有被落下。

袁弘涛合理安排了每一分钟，并且积极利用这些时间不断地积累知识，提升能力，这就是他优秀的秘密。

学习是一个积累的过程，也是一个利用时间的过程，善于利用身边的每一分钟，我们的学习也会在不知不觉中得到提高。

关于时间，著名作家伏尔泰在其小说中有这样一段经典话语：“最长的莫过于时间，因为它无穷无尽；最短的也莫过于时间，因为瞬间即逝；在等待的人看来，时间是最慢的；在玩乐的人看来，时间是最快的；它可以无穷地扩展，也可以无限地分割；当时谁都不加重视，过后都表示惋惜；没有它，什么事都做不成。”

在一次哈佛校友访谈中，北京大学的张俊妮博士、联合国开发计划署的李劲和来自美国、现任职于某国际咨询公司的叶文斌三位哈佛校友，谈到了他们在哈佛大学学习、生活的体验和感受。

在紧张的课业之外，他们的课余生活也相当丰富。张俊妮“把时间分成一段一段的”，学习之外，郊游、滑雪，打保龄球，还组织论坛，跟人聊天，看电影，看话剧，参加“北桥诗社”；李劲则到附近学校去做志愿者，教海地难民的孩子们数学课，留下了“在其他地方难以获得的体验”；叶文斌读本科的时候，一天是“四分之一上课，四分之一自习，四分之一课外活动，四分之一睡觉”，他参加了很多和音乐有关的活动。看来哈佛人全都是合理利用时间的好手。

时间一去不复返，如果想让有限的生命富有意义，那么就充分地利用好每一分钟的时间吧！只要我们善于用脑去想，一切时间都可以利用来学习。利用好我们的每一分钟时间，我们的学习效率将会大为提高，我们也不会再为学习时间不够而苦恼。

为自己做个时间规划

何腾现在在制作自己的时间安排表，他现在感受到了规划时间的益处，他现在经常跟大家说规划时间就能节省时间。

何腾从进入中学以后一直觉得自己不能适应中学的学习节奏。小学里那些知识是非常浅显的，而且科目也不多，每天完成了老师规定的作业之后就剩下大把的时间归自己支配了，每天生活得都很轻松。但是到了中学之后一下子多了很多科目，而且每科都经常搞测验，还有其他大大小小的考试不断。每天都被这些课程和作业弄的焦头烂额，他实在没办法了，就向自己上大学的邻居哥哥请教学习方法。

邻居家的哥哥告诉他，上了中学之后，跟小学不一样，要学会自己规划自己的时间，这样就能自己有主动权，不会被作业和突然的作业或者考试牵着鼻子走。

按照邻居家哥哥指导的方法，何腾先把自己每天必须做的事情列在了一张表格上。每天上课的时间是不能改变的，但是课间的时间、中午的时间、下午放学后的时间都可以自己支配。他就在这些灵活安排的时间段上根据自己的学习特点排上了不同的学习科目，比如中午的时候很容易犯困，就拿些需要边写边看的资料，这样一边思考一边动手效率会很高。晚上坐公交车回家的路上成了他背课文的主要时间段。

经过一番安排和规划，他每天都把自己要做的事情安排好了。

进入中学阶段以后，学习一下子变得繁重起来。首先是作业变多了，除了各科老师课堂布置的不少作业，还要应付平时大大小小的考试，还有那么多越帮越忙的课辅书，还有家庭教师布置的课外习题等。很多人每天忙得焦头烂额，却还有不少重要的事情被遗漏掉，这都是不懂合理安排时间的缘故。

时间很公平，每天给每个人的都是 24 个小时。但同样是 24 个小时，不同的人会有不同的效率，甚至差别悬殊。比如有的男孩善于科学安排自己的学习时间，学习、娱乐、休息安排得井井有条不说，学习效果也很好；而有的男孩整天忙作一团，因为学习影响了休息不说，学习效率也不高。

怎么样才能科学合理地安排时间呢？

凡事预则立，不预则废，最重要的一点是首先要给自己定一份时间表，也就是学习计划表，在表上填上那些非花不可的时间，如吃饭、睡觉、上课、娱乐等。安排这些时间之后，选定合适的、固定的时间用于学习，还要留出足够的时间来完成正常的阅读和课后作业。值得注意的是，学习不应该占据作息时间表上全部的空闲时间，而要适当安排一些休息和娱乐，比如收看精彩的电视节目的时间、锻炼身体的时间等。一些心理学家的研究结果表明：智力相同的两个学生有无学习计划，直接影响他们的学习效果。计划性差是学习成绩不理想的主要原因。

时间表的拟定要根据自己的习惯和特点。比如有的男孩习惯早睡早起，早晨背东西记得牢，理解力也好，这样晚上的睡觉时间就要适当提前，以保证充足的休息。反之，则可以适当晚睡晚起。

同时，时间集中使用不如分散使用效果好，尤其是前后内容连贯性不强的功课，如记英语单词，与其花 40 分钟集中强记，不如在睡觉前和起床后各花 20 分钟记，后者效果肯定好于前者。还要考虑内容相近的学科尽可能不要连续学，这样会加速大脑疲劳，影响学习效果。

为了能提高学习效率，一定要注重半小时或一小时就活动一下。要提高单位时间的利用率，有效的办法就是专心致志地学习，三心二意地学半天，还不如集中注意力学习一个小时。学就要认认真真地学，玩就要痛痛快快地玩。劳逸结合，才能学有所得，收到好的效果。有的男孩从清晨学到深夜，连课间也不出教室，埋头苦学，勤奋固然是勤奋，但打的是疲劳战，大脑得不到休息，总是昏昏沉沉，最终是无效劳动，还有可能拖垮自己的身体。

其实，除了这些规规整整坐下来学习的时间之外，我们还有大把的空闲时间可以拿来利用。如上学路上、等车的时候、饭前饭后等，我们不妨用这些点滴的时间记一两个单词，看一段阅读，坚持下来效果也不错。

最忌浪费时间。我们要牢牢记住今天的事今天完成，不要总安慰自己明天一定完成，养成拖拉的习惯。

合理安排好时间，就等于预约到了成功。时间就像海绵里的水，挤挤总会有的，让我们逐步克服浪费时间的坏习惯，科学合理地让一分钟的时间产生出两分钟的效率。

有时候，你会不会有一种无力感，想要做的事又没有完成，许许多多的安排让你手忙脚乱，没有时间去从从容容地做一件事情呢？那时候，你是不是好想当一个时间大富翁，拥有好多好多的时间呢。

想一想，有一天在梦中醒来发现自己拥有了好多好多的时间，真正成为一个时间大富翁。再不用担心作业做不完，有的安排没有完成了。这样的感觉是不是很棒？如果你想要有所成就，你首先要有的是紧迫感，为了让自己产生紧迫感，你可以把小时感觉成分钟。半小时换成三十分钟，学习起来会有争分夺秒的感觉。

心理学家说，用分钟来计算时间的人比用小时来计算时间的人，时间多出 59 倍。

平常就养成限定时间来学习的习惯，你能赢得比别人多 59 倍的时间，你就是个时间大富翁。

时间对每个人都是平等的，换个时间观念，你就能多做好多事情。养成限时做事的好习惯，你就不会在考试时担心时间不够，做不完题了。

你洗脸、刷牙、吃早饭的时候就可以打开录音机听外语，坐公交车的时候也可以掏出要记忆的材料来背诵，甚至一边做功课一边还可以开洗衣机把自己的衣服洗干净，一边扫地一边就可以活动肩膀和腰腿……

计划一下你要做所有事情的时间顺序和时间长短，列出主次大小、严格按照计划行事，计划一次完成的事情一定要完成，不要拖延。

在时间有限的情况下，记得分清主次，先解决最主要的困难，再完成其他任务，这样时间就可以被最大化地利用。

在适宜的时间做适宜的事

智胜杰每天都花很多时间在学习上，但是他觉得自己的学习效率好像并不高。每天都会觉得很疲惫，但是感觉自己收获很少。不像有的同学，看样子好像不像他这样每天都用那么多时间学习，但是成绩也好，而且知识掌握得确实比他牢固。

他在寻找自己的问题。首先，学习方法是没有问题的，他对自己每个科目的学习方法是非常自信的。他唯一困惑的是，自己每次学习都会觉得很累，而且效率很低下。一个偶然的机会，他在一本杂志上看到了一个关于学习时间和人体生物规律的文章，他觉得大受启发。应该在合适的时间安排适合的科目才能收到效果。

于是，他重新安排了自己的学习时间和规划，他在早晨固定的时间朗读英语、背诵课文、单词，也背诵那些语文要求背诵的课文。上午的时候，他觉得自己精神很好，就拿出那些数学和物理的题目演算，比以前在下午昏昏欲睡的时候做题的效率要高很多。等到下午犯困的时候就总结知识点，系统复习。晚上会拿出一部分时间做练习，然后其他时间都用来巩固白天学到的知识。

这样复习下来，成绩提高了很多，他觉得自己也不像以前那么疲惫了。

一个人一天究竟在什么时间学习效率最高，这就是我们要掌握的学习时间的最佳点。在学习的过程中，尽量根据个人的生理特点找出可以让自己达到最高效率的最佳学习时间点，这样才能有助于达到最佳的学习效果。

哈佛著名心理学家威廉·詹姆斯的研究认为，如果在某个固定时间内一直坚持进行学习，那么，每当在那段时间进行学习时，大脑的相关部位就会不由自主地兴奋起来，进而取得更好的学习效果。其实大部分人的生活习惯都是相似的，一般是晚上十一二点就寝，早晨六七点起床。然而一天之中，一定会有精神特别好与精神特别差的时段，同样用功一小时，如果精神充足，效果当然好；倘若精神委靡不振，学习效率自然降低。经常保持旺盛的精力，学习起来当然称心如意，但一天当中最佳的学习时间点因人而异，我们必须依照自己的生物钟，尽量安排最佳的时间、地点来进行学习。

一般人的休息时间约从晚上六七点开始，如果你长久以来都先吃饭、洗澡，然后再开始学习、记忆，结果却一直觉得这段时间的学习效果不好，建议你不妨回家后先睡觉，待到半夜再开始学习。

你可以尽量多方面地尝试，将不同的时段混合运用，如晚饭后把今天学习过的内容趁印象还清晰时回忆一遍，然后在八九点左右上床睡觉，凌晨三四点再起床复习一下。

我们可以在每天早上固定的时间和地点背诵英语词汇，时间一长，次数多了，便可大幅增强我们的记忆效果，学习状态也会自然而然被激发。这就好比每到吃饭时间，人的唾液和胃液会自然而然分泌得多，此时人们会觉得有些饥饿，有进食的欲望。所以最好每天选择在自己最佳的学习时间点进行学习，并尽量保证准时完成，这样至少可以保持学习的积极性与高效性。

在学习过程中，当你感到疲劳的时候，就是从“学习的最佳点”开始转折的时候，这种信号告诉你应当立即变换花样去做另一件事，使大脑得到休息，使时间利用效率不至于低落。

确定个人学习的最佳时间点，经过长期合理地使用，便可以形成习惯的节奏和规律。一天之中几点钟做什么，接下来做什么，有条不紊，时间长了便自成一种用时规律。在这规律的时间中，头脑最清醒的时间无疑要用来背诵、记忆、创造；其他时间则用来阅读、浏览、整理资料、观察、实验。合理地安排时间，一定会大幅度提高你的学习效率。

生理学家研究认为，一天之内有四个学习的高效期，如果你使用得当，就可以轻松自如地掌握、消化、巩固知识。

清晨起床后，大脑经过一夜的休息，消除了前一天的疲劳，脑神经处于活动状态，没有新的记忆干扰，此刻认知、记忆印象都会很清晰，学习一些难记忆而必须记忆的东西，较为适宜，如语言、定律、事件等的记忆和储存。有时即使强记不住，大声念上几遍，记熟的可能性强于其他时候，这是第一个记忆高潮。

上午 8～10 点是第二个学习高效期，体内肾上腺等激素分泌旺盛，精力充沛，大脑具有严谨而周密的思考能力、认知能力和处理能力，此刻是攻克难题的大好时机，应当把握战机，充分利用大脑兴奋来攻关。

第三个学习高效期是下午 6～8 点，这是用脑的最佳时刻，不少人利用这段时间来回顾、复习全天学过的东西，加深印象，分门别类，归纳整理，这也是整理笔记的黄金时机。

入睡前一小时是学习与记忆的第四个高潮期，利用这段时间来加深印象，特别对一些难以记忆的东西加以复习，则不易遗忘。

充分利用假期时间

刘驰放假了，他期待了很久的暑假终于到来了。刚放假的头两天，每天中午才起床，起来就看电视，一副无所事事的样子。这样的生活刚刚过了两天，他就有些厌倦了。他觉得自己应该制订一个计划，不能虚度光阴。毕竟开学之后他就该进毕业班了，听说毕业班的复习是很紧张的。他觉得自己也有必要先预习一下课程，然后补习一下自己最弱的英语。

刘驰的暑期计划出炉了。他每天下午都去国画班学画画，这是去年就想好的，他喜欢画画，喜欢在白纸上泼洒墨汁的感觉。他的上午时间分给了学习，学习英语和预习其他课程交替进行。晚上的时间当然是自由安排了。或者陪老妈老爸去散步，或者自己和伙伴们一起玩。

这样一个暑假下来，他的国画水平有了显著的提高，对英语也更自信了，更重要的是熟悉了下一年的课程之后，他觉得自己的学习压力好像没有那么大了。这样的状态他非常喜欢。

等到开学大家互相交流暑假做的事情，他发现大家真的把假期看的比学期还重要，很多同学参加了社会实践，也有人跟他一样参加了兴趣班，培养自己的爱好，更多的人选择了补习自己比较弱势的科目。

假期是一笔可贵的时间财富，如果得以充分利用，这会让我们过得更加充实、更加有意义。要改掉不善于充分利用假期时间，在假期里放任自流的坏习惯。

学生都有寒假、暑假两个假期，时间比较长，因此，安排好假期的学习，是不让自己掉队，让自己升位的最好办法。

由于假期前学生经过紧张的期末复习考试，已经很累了，假期中许多男孩存在着一种自发产生的放松要求，甚至有一定的厌学情绪。考试一结束，就有一种千斤重担一时卸的轻松感觉，不愿再读书，或者有“且待明日”的思想，这是正常的心理反应。但如果让这种思想不断滋长，就会使得整个假期都被浪费掉。

有的男孩说：“磨刀不误砍柴工。”假期好好玩，养精蓄锐，待开学再努力吧。这是一种典型的等待思想，我们应坚决予以纠正。

当然，假期的安排也很有讲究。假期的安排不应该像课余或双休日的安排，更不宜把课排得紧紧的，应讲究安排的技巧，它的安排原则是既玩好，也学好。

从内容上，假期不仅要安排教材的学习，还应安排一定的社会实践活动，争取能把“玩”和社会实践结合起来，做到有目的地玩，在玩中了解自然、了解社会，在玩中读好社会这本无字天书。

在时间安排上，一般放假后就可立即进行社会实践的活动，让紧张的头脑松弛一下，做到“一张一弛，文武之道”，这是有必要的。至于到什么地方去实践，则应该根据自己的情况认真考虑。

当然，假期最重要的是自学，为此，要把时间安排好，排个时间安排表，照时间表有计划地学，不要凭兴趣，这本书翻翻，那本书翻翻，结果什么也没学到。

另外，假期间的学习要注意四个问题。

1. 要提高

假期自由时间多了，我们的学习应在原来的基础上有所提高。对那些原来没有学好的或似懂非懂的知识，要专题攻坚，注意那些要跳起来才能摘到的“桃子”，也就是我们通常说的要靠能力才能解决的问题。为此，应该找一本复习资料，学学练练，特别要注意人家解题时的思路，学会思维，这是能力培养的基础。

2. 要把原来学过的知识系统化

一般来说，期末结束前，各科都告一个段落，这就为我们把学过的知识系统化提供了条件。办法是在认真研究教材的基础上，先理出各科各章节的知识点，再找出它们的联系，从而形成一个知识网络图，把这理好的知识网络在我们的头脑中反复思考，斟酌改进，最终成为我们的认知结构。这就使我们在今后的学习中能够比较容易调出需要的知识，不易卡壳，还可使联想通道通畅，便于记忆。

3. 要查缺补漏

利用假期对自己基础薄弱的学科进行“假期恶补”是个好办法。一位安徽省高考文科状元介绍过他的学习经验，他原来数学成绩并不太好，报考了文科。但他知道文科也要考数学，结果利用高二的一个寒假进行了“假期恶补”，一个假期做了六七百道数学题，数学从“最忧”变为不怕，从薄弱变为坚实，最后变为“最优”。结果，高考时数学分上去了，当上了状元。

4. 要预习

假期间，新书未到，不妨向高年级的同学把教材借来先预习。预习时，首先浏览粗读，有个大概了解，然后通过自学先认真学习几章，达到一定水平，通常达到会做教材上的习题即可，那么待新学期开始，你的学习就主动了。

总之，假期时间是宝贵的，我们要根据自己的特点，根据生理、心理的规律，安排好时间，安排好假期，充分利用好假期，不要让假期在我们的放任自流中白白浪费掉。任何计划都是“死”的，是条条框框，在特殊情况下，可以根据实际情况灵活机动地调整，这样既能合理安排假期时间，也能锻炼优良的意志品质。另外，假期计划要制订在经过努力确实可以实现的水平上。因为过高难以实现，便会使自己感到不安，产生自卑感；过低，则阻碍自己正常水平的发挥。

第十四章
自律自制——会掌控自己的男孩才能掌控未来

控制好情绪才能成大事

能控制好自己情绪的人，能够理智地对待周围发生的事情，有意识地控制自己的思想感情，约束自己的行为，成为驾驭生活的主人，这样的人才有可能成就大事。

因为人们只有用理性来平衡自己的情绪，接受理性的指引，先“谋定而后动”，管住自己的言行和举止，而后才能引导所有积蓄的力量流入成功的海洋。

相反，如果一个人缺乏自制的能力，总是让自己的情绪主导着一切，口无遮拦，行无规矩，随心所欲，没有规划，也不会有目标，那样的话，要么他所有的努力如同脱缰野马，根本控制不了，也达不到既定的目标；要么他的行为与环境格格不入，最终也达不到成功的彼岸。

有一个名牌大学毕业的大学生，在学校上学时就与一家公司签订了合同，毕业后即到此家公司工作。但他参加工作后，不仅工作浮躁，态度也很不认真，对学历不如他的人总是投去鄙视的目光，让其他员工难以忍受。可他自己却不以为意，因为他认为，他是名牌大学毕业的，应该有一种特殊“身份”。

这些事被老板知道后，就把他叫到办公室批评了他，并给他讲为人处世的道理。但是他很不服气，再加上老板说话比较严厉，他一冲动，便和老板吵了起来，还把他是名牌大学生一直挂在嘴边。过了一会儿老板很平静地说："既然你有这么高的水平，留在本公司工作还真是大材小用了。那从明天开始，你就另谋高就吧！"

这位年轻人就是因为自律性差或自制性弱而走出了错误的一步，如果他懂得控制一下自己的情绪和言行，就不会有这样的结果了。他为这种行为付出了高昂的代价，为今后的求职道路也制造了许多的障碍。

有效地控制情绪能使生活之路变得平坦，还能开辟出许多新道路。如果我们没有自我控制的能力，就会缺乏忍耐精神，既不能管理自己，也不能与别人有效沟通。

自制力是日常行为的一把保险锁

自制是基于对社会规范有明确认识并自觉地调节和控制自己行为的品质。

自制是日常行为的一把保险锁，它要求男孩要以理性来平衡自己的情绪，行为要接受理性的指引。

东汉末年，杨修以才思敏捷、颖悟过人而闻名于世，他在曹操的丞相府担任主簿，为曹操掌管文书事务。曹操为人诡谲，自视甚高，因而常常爱卖弄些小聪明，以刁难部下为乐。不过，杨修的机灵、颖悟又高过曹操，致使曹操常常生出许多自愧不如的感慨和酸溜溜的妒意。

建安十九年春，曹操亲率大军进驻陕西阳平，与刘备争夺汉中之地。刘军防守严密，无懈可击，又逢连绵春雨，曹军出战不利。曹操见军事上毫无进展，颇有退兵的意思。

这天，曹操独自一人吃着饭，同时也在思考下一步的行动。一个军令官前来请示曹操，当晚军中用什么口令。军中规定每晚都要变换口令，以备哨兵盘查来人。此时，曹操正用筷子夹着一块鸡肋骨，于是脱口而出："鸡肋。"军令官听了也没觉有什么奇怪。

消息传到杨修耳里，他便整理笔札、行装，做离开的准备。一个年轻的文书见状后问道："杨主簿，这天天要用的东西，有什么好收拾的？明天还不是要打开？"

"不用了，小兄弟，我们马上就可以回家了。"杨修诡秘地一笑说。

"什么？要回家了？丞相要撤退，连点蛛丝马迹也没有啊。"小文书不解地看着杨修。

杨修淡然一笑说："有啊，只是你没有察觉到罢了。你看，丞相用'鸡肋'做军中口令，'鸡肋'的含义不就是'食之无肉，弃之可惜'吗？丞相正是用它来比喻我军现在的处境。凭我的直觉，丞相已考虑好撤军的事了。"

消息又传到夏侯惇那里，夏侯惇听了也觉得有理，便下令三军整理行装。当晚，曹操出来巡营时一见，大吃一惊，急令夏侯惇来查问，夏侯惇哪敢隐瞒，照实把杨修的猜度告诉了曹操。对杨修的过分机灵早已不快的曹操，这下子抓到了把柄，立即以惑乱军心的罪名把杨修杀了。

后来的事实证明，曹操虽杀了杨修，终于还是下令退兵。然而，就杨修而言，他早晚必死无疑。

因为他几次三番地恃才傲物，逞口舌之快，不能在曹操面前收敛自己，而把小聪明用在一些无用的小事上面，又不顾忌上下尊卑，随心所欲地言行。正是因为他不能够控制自己的言行，才招来了杀身之祸。

自制力薄弱的人遇事不冷静，不能控制激情和冲动；处理问题不顾后果，任性、冒失。这种人易被诱因干扰而动摇，或惊慌失措。而这些人在男孩群体中比较集中。

当全国上下的"减负"运动开展之后，男孩有了充裕的课外活动时间。但同时面临这样一个问题：放学回家以后，家长不在身边，也没有老师和同学监督，如何才能合理安排这一段"自由"时间呢？男孩的自制力在外界强大的诱惑面前往往变得不堪一击。

自制力是一种克制或节制，自我约束是一种美德，是文明战胜野蛮、理智战胜情感、智慧战胜愚昧的表现。

在某些方面，春风得意的人并非因为天赋非凡，而是因为性情的非凡才使他获得成功。如果我们没有自我控制的能力，就会缺乏忍耐精神，既不能管理自己，也不能驾驭别人。

学会忍耐，不骄不躁

随着时间的推移，男孩会经历越来越多的事情，有许多事会让你感到兴奋、喜悦，也会有许多事令你感到沮丧，甚至愤怒。这时你需要表达自己的情绪，但是千万要记住表达情绪一定要分清场合。“乐而不淫，哀而不伤”历来被看作是自我情绪控制的至高境界，而控制情绪的能力有几种不同的层次。通过一位禅师启发妇人的故事，就可以了解这些不同的能力层次。

古时候有一个妇人，特别喜欢为一些琐碎的小事生气。她也知道自己这样不好，便去求一位高僧为自己谈禅说道，开阔心胸。高僧听了她的讲述，一言不发地把她领到一座禅房中，落锁而去。

妇人气得跳脚大骂。骂了许久，高僧也不理会。妇人又开始哀求，高僧仍置若罔闻。妇人终于沉默了。高僧来到门外，问她：“你还生气吗?”

妇人说：“我只为我自己生气，我怎么会到这地方来受这份罪。”

“连自己都不原谅的人怎么能心如止水?”高僧拂袖而去。

过了一会儿，高僧又问她：“还生气吗?”

“不生气了。”妇人说。

“为什么?”

“气也没有办法呀!”

“你的气并未消逝，还压在心里，爆发后将会更加剧烈。”高僧又离开了。

高僧第三次来到门前，妇人告诉他：“我不生气了，因为不值得气。”

“还知道值不值得，可见心中还有衡量，还是有气根。”高僧笑道。

当高僧的身影迎着夕阳立在门外时，妇人问高僧：“大师，什么是气?”

高僧将手中的茶水倾洒于地。妇人视之良久，顿悟，叩谢而去。

高僧用禅理告诉人们什么是“气”，为何要“怒”。“气”便是不加控制的情绪，是那种别人吐出而自己却接到口里的东西。吞下便会反胃，不看它时，它便会消散了。“气”是用别人的过错来惩罚自己的蠢行。愤怒也是如此。

愤怒是一种很难控制的情绪，正因为难以控制，所以很容易酿成大祸，甚至丢掉性命。正如培根所说：“愤怒，就像地雷，碰到任何东西都会一同毁灭。”莎士比亚说：“不要因为你的敌人燃起一把火，你就把自己烧死。”还是让我们以平和的心境来对待生活中繁杂的事情吧！小心别伤害了自己，只有平静才是生活的真谛。当你的感情掌握了理智时，你将成为感情的奴隶；当你战胜自己的感情时，才证明你是主宰命运的人。唯此，你才能真正获得自由。

如果你不注意培养自己忍耐、心平气和的性情，培养交往中必需的情商，遇到一丝火星就暴跳如雷，情绪失控，就会把你最好的人缘全都炸掉。

在所有不愉快的情绪中，愤怒是最难摆脱、最不容易控制的，也是最具诱惑性的负面情绪。因为人在发怒时，易于失去理智，让人觉得不可理喻，从而容易破坏良好的人际关系。对于领导者而言，盛怒之下容易造成决策的失误。三国时期，蜀国大将关羽被东吴杀害，刘备悲愤交加，不听诸葛亮的劝阻，怒而兴兵伐吴，为关羽报仇，结果被吴将陆逊以火攻之，火烧连营四十里，惨遭失败。

研究表明，最后失去控制、大发雷霆的人，通常都经历了连续的累积情绪过程。每一个拒绝、侮辱或无礼的举止，都会给人遗留下激发愤怒的残留物。这些残留物不断地积淀，急躁状态会不断上升，直到个人对情绪的控制完全丧失，出现勃然大怒为止。在这个过程中，除非内心控制的大门快速地被关上，否则，这种狂怒极易造成暴力和伤害。

人的愤怒情绪，从轻微的烦躁不安，到严重的咆哮发怒，乱摔东西，甚至丧失理智。久而久之，成为一种习惯反应，变成侵袭人际关系的“癌症”。

心理学认为，生气是一种不良情绪，是消极的心境，它会使人闷闷不乐，低沉阴郁，进而阻碍情感交流，导致内疚与沮丧。

有关医学资料认为，愤怒会导致高血压、胃溃疡、失眠等，据统计，情绪低落、容易生气的人，患癌症和神经衰弱的可能性要比正常人大。同病毒一样，愤怒是人体中的一种心理病毒，会使人重病缠身，一蹶不振。可见愤怒对人的身心有百害而无一利。

愤怒对人的身心发展都没有好处；愤怒行为会伤害他人，也会伤害自己。男孩必须学会用理智来思考问题，用理性来控制愤怒的情绪，这要求你学会忍耐。

控制自己的情绪

研究表明情绪的低落和混乱有两方面的原因，一方面是自身的失控，另一方面是来自外界的刺激和影响。许多人因缺少自我控制，不冷静沉着，情绪因为毫无节制而骚动不安，因不加控制而浮沉波动，因为焦虑和怀疑而饱受摧残。只有冷静的人，才能够控制自己的情绪。

对于自身的失控，男孩可以用下列方法来进行缓解。

可以与别人聊聊。在日常生活或工作中，经常会产生一些矛盾或意见，这很容易使人发怒。如果你把心中的不满或意见坦率地讲出来，既可泄怒，又可以通过批评与自我批评增强同学或同事间的团结。或者向自己信得过的朋友诉说，你大都会得到安慰。这种倾诉宣泄法也是很可取的。

科学的生理方法也能够处理怒火。坐下来，身子往后靠。如果站着跟人吵，会使人更加紧张。

用冷水洗脸，可让人冷静下来，降低皮肤的温度，消除一部分怒气，有利于平静下来。

话尽量讲得平缓一些，自己就会变得轻松起来，气随之也会减少。

怒气会使你的颈部和肩部的肌肉紧张引起头痛，自我按摩头部或太阳穴 10 秒钟左右，有助于减少怒气，缓解肌肉紧张。

闭目深呼吸。把眼睛闭上几秒钟，再用力伸展身体，使心神慢慢安定下来。

喝一杯热茶或热咖啡也可以稳定紧张的情绪。

大声呼喊。必须是从腹部深处发出声音或高声唱歌，或大声朗诵。

对于外界的刺激，可以用下面的方法来应对：

1. 躲避刺激

在日常生活中有很多事可使人产生愤怒，如遇到这种情况要尽量躲开，或暂时回避一下，以免使矛盾激化，这是一种消极的制怒方法。

2. 转移刺激

人在愤怒时，往往大脑皮质中出现强烈的兴奋点，并且它还会向四周蔓延。为此，要在“怒发”尚未“冲冠”之际，善于运用理智有意识地去转移兴奋中心。比如，有意躲开一触即发的“地雷”，即争吵的对象、发怒的现场，去到其他的地方干点别的事情。这时我们转移了一下目标，在大脑皮质建立另一个兴奋中心，便减弱和抵消了原来的兴奋中心。这种办法相对积极一点。赶快转变一下思路，听听音乐、唱唱歌、看看报纸，想象一些轻松、愉快的情景，例如，风和日丽的天气、青山秀水的风景、鸟语花香中的感受，或闭眼几秒钟，从矛盾中逐渐解脱，使你激动的情绪慢慢平静下来，怒气自然就会烟消云散了。

寻找适当的宣泄方式。把怒气发泄出来比让它积郁在心里要好。摔打一些无关紧要的物品能够有效地宣泄愤怒，或是对空大喊缓解一下自己的冲动。如果你愿意，可以跑到楼下，再爬上楼，每步登两个台阶，跑步上楼更好。强烈的体育运动会消耗掉你多余的能量，使你没有“力气”再发怒。

此外，不良情绪还有紧张、沮丧、抑郁等。男孩可以通过以下努力来调控自己的情绪。

1. 预先了解可能会引起紧张或沮丧的情况

有些会使男孩感到紧张，甚至可能导致沮丧的事件，是相当容易预测的。这些事件包括住院、开学或者上学的最后一年、预先已经安排好的某位亲戚的来访、有计划的家庭搬迁、主要的节日等。为了做好准备，你应事先和家长进行良好的沟通，这样你在经历这一切的时候，就会相当了解可能会发生什么。

2. 对可能已经不再过分紧张或者沮丧的症状要多加注意

紧张和沮丧的普遍症状基本上是相似的。但是某一特殊的紧张或沮丧可能会表现出不同的症状，青少年之间差异都非常大。

在情感上，这些症状包括恐惧、情绪低落、厌烦、闷闷不乐、愤怒或者过分激动。在行为上，它们包括举止的剧烈变化，从不同寻常的畏缩变成不同寻常的好斗，或者从不寻常的平静变成不寻常的抽搐和牙关紧咬。在生理上，它们包括无法解释的胃疼、头疼或者睡眠方式和口味的改变。

3. 走出抑郁的心境

男孩要学会解决碰到的难题，能度过困惑时期，从中恢复过来并汲取教训或自己把它忘掉。这些问题在自己心中淤积越久，越有可能导致问题以暴力或意外的方式解决。男孩遭受精神创伤的原因是多种多样的，很难固定在某一个具体原因上。有时你会因为某一件事受到伤害，如目睹暴力、飓风、洪水、火灾、地震等自然因素夺走家园，家庭成员去世，或仅仅是在医院里待几天等。

在这种情况下，你应和父母经常沟通，向父母倾诉他们所不知道的事情，在父母面前表露时，不要惊恐、局促不安，要完整地诉说，相信父母会和你一起应付处理，你根本不用害怕。

如果你经历过某件可能对你造成伤害的事，那么就应该估计出可能的伤害程度，只要某一个症状持续一个月以上，就应该接受专业治疗。

4. 换个环境

环境对人的情绪、情感同样起着重要的影响和制约作用。素雅整洁的房间，光线明亮、颜色柔和的环境，使你产生恬静、舒畅的心情。相反，昏暗、狭窄、肮脏的环境，则会给你带来憋闷和不快的情绪。安谧、宁静的环境，使你心情松弛、平静；而杂乱、尖利的噪音，使你烦躁焦急。因此，改变环境，也能起到调节情绪的作用。男孩在受到不良情绪的压抑时，可以到外面走走，看看美景，散散心。大自然的美景，能够豁达胸怀，欢娱身心，对于调节人的心理活动有着很好的效果。长期生活在优美环境中的人，往往能够精神振奋、心情舒畅。

男孩在受到不良情绪压抑和折磨时，更应该改变独居一室的习惯，常到风景秀丽、景色宜人的公园去游玩游玩，或到绿树成荫的大道上散散步。绿色的世界，勃勃的生机，会使人心旷神怡、精神振奋、忘却烦恼，消除精神上的紧张和压抑之感。

选择适合自己的方式，调节好自己的情绪，排除紧张与抑郁，控制愤怒和不满，做自己情绪的主人，这样才能使你的人生越来越美好。

摒弃各种诱惑，专注于正在做的事

当麦肯利还是一名从俄亥俄州来的国会议员时，胡佛总统便对他说："为了取得成功，获得名誉，你必须专注于某一个特定方向的发展。你千万不可以一有某种情绪或者方案，就立即发表演说把它表达出来。你固然可以选择立法的某一个分支作为你学习的对象，但是，你为什么不选择关税作为你的学习对象呢？这个题目在接下来的几年中都不会被解决，所以，它将为你提供一个广阔的学习天地。”

这些话语一直萦绕在麦肯利耳边。从此，他开始研究关税，不久后，他就成为这个课题上最顶尖的权威人士之一。当他的关税方案被参议院通过时，他达到了自己事业上的顶峰。

一个人，想实现自己的人生价值，却把精力分散到许多事情上，这样的人是不会成功的。要知道，没有任何一个获得成功的人不是把所有的精力都集中于一个特定的事情上的。

有人问爱迪生：“你成功的第一要素是什么？”

这位发明家答道：“能够将身体与心智的能量锲而不舍地运用在同一个问题上而不觉厌倦……”对大多数人而言，他们肯定是一直在做一些事。唯一的问题是，他们做很多很多事，而易成功的人只做一件。假如他们将这些时间运用在同一个方向、一个目的上，他们就会成功。

拿破仑·希尔认为：一个人若对某一项事业执着地追求，聚精会神地去做，就能产生超乎寻常人的能力，排除难以想象的困难。你一旦专注于某一方面，埋头耕耘、专心致志，就能做出令自己都吃惊的成绩来。“成于专而毁于杂”，这是经过无数人的实践证实的真理。

爱因斯坦在发现短程线理论前，就经过长期着了迷的观察、测量和计算，他简直成了“一个中了魔的人”。一次，他从梯子上摔到地上，家人将他抬到床上，大家都惊呆了，不知所措。可是，爱因斯坦却仍沉醉在他的理论思考之中，还向众人提出问题：“为什么下坠者要笔直地掉下来呢？”弄得家里人“丈二和尚摸不着头脑”。就是这样长时间专注地思考之后，短程线理论诞生了。

世界歌王卢西亚诺·帕瓦罗蒂回顾自己走过的成功之路时说：“当我还是个孩子时，我的父亲——一个面包师，就开始教我学习歌唱。他鼓励我刻苦练习，培养嗓子的功底。后来，在我的家乡意大利的蒙得纳市，一位名叫阿利戈·波拉的专业歌手收我做他的学生，那时，我还在一所师范学院上学。在毕业时，我问父亲：‘我应该怎么办？’我父亲这样回答我：‘卢西亚诺，如果你想同时坐两把椅子，你只会掉到两个椅子之间的地上。在生活中，你应该选定一把椅子。’我选择了。我忍住失败的痛苦，经过7年的学习，终于第一次正式登台演出。此后我又用了7年的时间，才得以进入大都会歌剧院，现在我的看法是：不论是砌砖工人，还是作家，不管我们选择何种职业，都应有一种献身精神。坚持不懈是关键。选定一把椅子吧。”

男孩常常犯这样的毛病，如想专心致力于一件事，但又觉得尚有其他要做的事，或者其他事情突然吸引了自己的注意力。于是产生了挂念这个、惦记那个的烦恼，这是人类的通病。大家可能都有这样的经验：一方面必须要忙着准备考试的功课，同时又舍不得放弃各种团体活动。

此时，大家都会为了选择对象而迟疑不决，以致落得两头皆空。一位作家经常在工作与喝酒之间犹豫不决，但最后还是选择了喝个痛快。当一连大醉了两天两夜，也许后悔的情绪在作祟时才恍然觉得：“这怎么行呢?”于是，工作的热忱和意志猛然上升。其实，这种现象并非只限于这个人，其他人也有类似的行为，例如，在团体活动与用功读书两者不可兼得的情形之下，如果专门致力于团体活动，也会意外地获得很好的成绩。

当你决定做一件事情之后，就坚持做下去，不要轻易受外界环境的干扰。即使是遇到了困难，也不可以轻言放弃，随意退缩，往往这个时候才能考验出一个人真正的自制能力。

男孩可以从上课专心听讲做起，思路随着课程的推进而跳跃，做到心无旁骛，将所有的注意力都集中到老师所讲授的内容上，摒弃各种诱惑，一心一意地听课学习，相信你的成绩会有更高的提升。

控制自己让你更强大

一个人要成就大的事业，就不能随心所欲、感情用事，对自己的言行应有所克制，这样才能使自己的错误、缺点得到抑制，不致铸成大错。高尔基说：“哪怕是对自己的一点小小的克制，也会使人变得强而有力。”德国诗人歌德说：“谁若游戏人生，他就一事无成，不能主宰自己，永远是一个奴隶。”一个人要想成为能够主宰自己命运的强者，成就一番事业，就必须对自己有所约束、有所克制。

贝利从小就显现出非凡的足球天赋，他常常踢着父亲为他特制的“足球”——用一个大号袜子塞满破布和旧报纸，然后尽量捍成球形，外面再用绳子捆紧。贝利经常光着黑瘦的脊梁，在家门前那条坑坑洼洼的小街，赤着脚练球。尽管他经常摔得皮开肉绽，但他始终不停地向着想象中的球门冲刺。

渐渐地，贝利有了些名气，许多认识不认识的人常常跟他打招呼，还向他递烟。像所有未成年人一样，贝利喜欢吸烟时的那种“长大了”的感觉。

有一次，当贝利在街上向别人要烟的时候，父亲刚好从他身边经过，父亲的脸色很难看，贝利低下头，不敢看父亲的眼睛。因为，他看到父亲的眼睛里有一种忧伤，有一种绝望，还有一种恨铁不成钢的怒火。

父亲说：“我看见你抽烟了。”

贝利不敢回答父亲，一言不发。

父亲又说：“是我看错了吗？”

贝利盯着父亲的脚尖，小声说：“不，你没有。”

父亲又问：“你抽烟多久了？”

贝利小声为自己辩解：“我只吸过几次，几天前才……”

父亲打断了他的话，说：“告诉我味道好吗？我没抽过烟，不知道烟是什么味道。”贝利说：“我也不知道，其实并不太好。”说话的时候突然绷紧了浑身的肌肉，手不由自主地往脸上捂去，因为，他看到站在他跟前的父亲猛地抬起了手。但是，那并不是贝利预料中的耳光，父亲把他搂在了怀中。

父亲说："你踢球有点天分，也许会成为一名优秀的运动员，但如果你抽烟、喝酒，那就到此为止了。因为你将不能在90分钟内保持一个较高的水准。这事由你自己决定吧。"

父亲说着，打开他瘪瘪的钱包，里面只有几张皱巴巴的纸币。父亲说："你如果真想抽烟，还是自己买的好，总跟人家要，太丢人了，你买烟需要多少钱?"

贝利感到又羞又愧，眼睛里涩涩的，可他抬起头来，看到父亲的脸上已是泪水纵横……

后来，贝利再也没有抽过烟。他凭着自己的勤学苦练，终于成了一代球王。

自制对于一个人的成长进步有着十分重要的意义和作用。每个人都应当树立自我管理意识，在心中培养自我管理意识的紧迫感。这种紧迫感不能是别人强加的，必须是自己切身感觉到的。

首先，这种紧迫感来自个人成长和发展的强烈渴望。有了这样的愿望，人们才能形成如何有效地管理自己的思想、言论和行动的意识，才能自觉地去管理自己。反之，一个人自己没有成长和发展自己的愿望，当然不会产生如何管理自己的意识。

其次，这种紧迫感来自对社会现实的深刻认识。当今的社会，管理正在作为一门科学迅速应用于人们生活的各个领域，整个社会的经济管理、政治管理、思想管理、法律管理、道德文化管理等正在走向科学化，越来越多的人已经开始把管理科学运用于人生过程之中。人们盲目对待人生的时代正在宣告结束，人生正在朝着科学化的方向前进。科学化的人生需要科学的自我管理。人们如果能清醒地看到这一点，就会产生一种觉悟，即自己不科学地管理自己，就会失去人生的主动权，就会被别人远远地抛在后边。有了这种觉悟，就会主动地发展自己。

人的自制能力和自我管理能力并不是天生的，它和人的其他能力一样，都是后天开发出来的，每个人的自我管理能力都是可以不断提高的。那么，男孩怎样才能不断提高自己的自我管理能力呢？

1. 正确认识自己

正确认识自己是多方面的，包括生理机理、心理素质、智能特点、行为特点，等等。但从个人修养角度，则主要在于个体应客观地、全面地、正确地认识和评价自己，为做好自律打下良好的基础。这就是所谓的“自知者明”。不能自识、自知，就无从自律，行动中就会因盲动而招致失败。只有首先自识，才能自觉按客观规律严于律己，在行动中获得成功。

2. 多多反省自身

自省即自我反省、自我监督、自我检点。它是在自识前提下进行的。通过自省，发现自己思想深处存在的种种问题，及时加以纠正和克服。

3. 做好自我批评

自我批评是自我的进一步发展与深化，也是自省的结果付诸行动的过程。自我批评历来是成就大业者自我教育、自我改造、开诚布公承认错误和公开改正自己错误的最好武器。凡是在修养上卓有成效者，都是严于自我解剖、勇于自我批评的人。

冷静沉着， 遇事应付自如

一个人在关键的时候，在危难之中能够保持冷静，不仅是一种可贵的品质，而且也是战胜困难、避免危险的重要条件。

第二次世界大战期间，法国有一位普通的家庭主妇，她的丈夫雷诺在马奇诺防线被德军攻陷后，当了德国人的俘虏，她的身边只留下两个幼小的儿女——12 岁的雅克和 10 岁的杰奎琳。为把德国强盗赶出自己的祖国，母子3人参加了当时的秘密情报工作。

一天晚上，屋里闯进了3个德国军官，其中一个是本地区情报部的官员。他们坐下后，一个少校军官对着一张揉皱的纸就着暗淡的灯光吃力地阅读起来。这时，那个情报部的中尉顺手拿过藏有情报的蜡烛点燃，放到长官面前。情况变得危急起来，雷诺夫人很清楚，当蜡烛燃到铁管就会自动熄灭，同时也意味着他们一家三口的生命将告结束。她看着两个脸色苍白的儿女，急忙从厨房中取出一盏油灯放在桌上。“瞧，先生们，这盏灯亮些。”说着轻轻地把蜡烛吹熄，一场危机似乎过去了。但是，轻松没有持续多久，那个中尉又把冒着青烟的烛芯重新点燃，“晚上这么黑，多点支小蜡烛也好嘛。”他说。烛光接着发出微弱的光。此时此刻，它仿佛成为这房里最可怕的东西。雷诺夫人的心提到了嗓子眼上，她似乎感到德军那几双恶狼般的眼睛都盯在越来越短的蜡烛上。一旦这个情报中转站暴露，后果是不堪设想的。

这时候，小儿子雅克慢慢地站起：“天真冷，我到柴房去搬些柴来生火吧。”说着伸手端起烛台朝门口走去，房子顿时暗下来。中尉快步赶上前，厉声喝道：“你不用灯就不行吗？”一把把烛台夺回。

时间一分一秒地过去。突然，小女儿杰奎琳娇声对德国人说道：“司令官先生，天晚了，楼上黑，我可以拿一盏灯上楼睡觉吗？”少校瞧了瞧这个可爱的小姑娘，一把拉她到身边，用亲切的声音说：“当然可以。我家也有一个像你这样年纪的小女儿。来，我给你讲讲我的路易莎好吗？”杰奎琳仰起小脸，高兴地说：“那太好了。不过，司令官先生，今晚我的头很痛，我想睡觉了，下次您再给我讲好吗？”“当然可以，小姑娘。”杰奎琳镇定地把烛台端起来，向几位军官道过晚安，上楼去了。正当她踏上最后一级阶梯时，蜡烛熄灭了。

冷静沉着，临危不乱，才能够化险为夷，力挽狂澜。面对生活中的压力和危险，男孩要从容不迫，沉着应对，保持一颗冷静的头脑，控制好自己，才能控制意外的局面。

培养坚强的自制力

一个人要想不断进步，就必须培养自己超人的自制力。自制能力是在日常生活中和工作中善于控制自己情绪和约束自己言行的一种能力。自制力对于一个人来说就好像是一辆汽车的制动系统一样。如果一辆汽车光有发动机而没有方向盘和刹车的调节，汽车就会失去控制，不能避开路上的各种障碍，就有撞车的危险。一个想要有所成就的人如果缺乏自制力，就等于失去了方向盘和刹车，必然会“越轨”或“出格”，甚至“撞车”、“翻车”。

在我们的生活和成长过程中必然要接触各种各样的人，处理各种各样复杂的事，其中有顺心的，也有不顺心的；有顺利的，也有不顺利的；有成功的，也有失败的。如缺乏自制能力，放任不羁，势必搞坏关系，影响团结，挫伤积极性，甚至因小失大，铸成大错，后悔莫及。因此，我们必须要有较强的自制力，管理好自己，不让自己的言行出格。

那么，男孩要怎样才能培养过人的自制力呢？

1. 正确地看待事物

对事物认识越正确、越深刻，自制能力就越强。比如，有的人遇到不称心的事，动辄发脾气，训斥谩骂，而有的人却能冷静对待，循循善诱，以理服人。为什么呢？古希腊数学家毕达哥拉斯说：“愤怒以愚蠢开始，以后悔告终。”之所以对自己的感情和言行失去控制，最根本的就是对这种粗暴作风的危害性缺乏深刻的认识，因而造成了不良影响。

2. 磨炼自己的意志力

自制需要强大的意志力。苏联教育家马卡连柯说：“坚强的意志，这不但是想什么就获得什么的本事，也是迫使自己在必要的时候放弃什么的本事……没有制动器就不可能有汽车，而没有克制也就不可能有任何意志。”因此，反过来也可以说，没有坚强的意志就没有自制能力，坚强的意志是自制能力的支柱。意志薄弱的人，就好像失灵的闸门，对自己的言行不可能起调节和控制作用。

3. 用毅力控制爱好

一个人下棋入了迷，打牌、看电视入了迷，都可能影响工作和学习。毅力，可以帮助你控制自己，果断地决定取舍；毅力，是自制能力果断性和坚持性的表现。列宁就是一个自制能力极强的人，他在自学大学课程时，为自己安排了严格的时间表：每天早饭后自学各门功课，午饭后学习马克思主义理论，晚饭后适当休息一下再读书。他过去最喜欢滑冰，但考虑到滑冰容易疲劳，使人想睡觉，影响学习，就果断地不滑了。他本来喜欢下棋，一下起来就入了迷，难分难舍，后来感到太费时间，又毅然戒了棋。

滑冰、下棋看来都是小事，是个人的一些爱好，但要控制这种爱好，没有毅然决然的果断性就办不到。常常遇到这样一些人，嘴上说要戒烟，但戒了没几天，就又开始抽了，什么原因呢？主要就是缺乏毅力。没有毅力，就没有果断性和坚持性，自制的效率就不高。可见，要具有强有力的自制能力，必须伴以顽强的毅力。

自省的人才会有进步

一个人之所以能够不断地进步，在于他能够不断地自我反省，找到自己的缺点或者做得不好的地方，然后不断改正，以追求完美的态度去做事，这样才能取得一个又一个的成功。

富兰克林是美国著名的科学家、物理学家和社会活动家，他在很多领域都取得了杰出的成就，不仅发明过双焦距透镜，而且还参与起草了美国《独立宣言》。他的成功除了他的天资、勤奋之外，从《富兰克林自传》中我们还了解到他成功的另一个秘诀：“一日三省吾身”的自我激励。他依靠每天反省自己是否做到了 13 种道德标准，从而暗示自己、提醒自己、告诫自己、激励自己，不断地向成功人生努力。这对于我们现代人的成长仍然有很积极的启示。

富兰克林所列举的13种品德以及他给每种品德所注的箴言（自我暗示）如下：

1. 节制——食不过饱，饮酒不醉。

2. 寡言——言必于人于己有益，避免无益的聊天。

3. 生活有序——置物有定位，做事有定时。

4. 决心——当做必做，决心要做的事应坚持不懈。

5. 俭朴——用钱必须于人或于己有益，换言之，切戒浪费。

6. 勤勉——不浪费时间，每时每刻都做些有用的事，戒掉一切不必要的行动。

7. 诚恳——不欺骗别人，思想要纯洁公正，说话也要如此。

8. 公正——不做损人利己的事，不要忘记履行对人有益而又是你应尽的义务。

9. 适度、避免极端——人若给你应得的处罚，你应当容忍。

10. 清洁——身体、衣服和住所力求清洁。

11. 镇静——勿因小事或普通的不可避免的事故而惊惶失措。

12. 贞节——克制自己的欲望，珍惜自己的身体，不过于放纵自己。

13. 谦虚——仿效耶稣和苏格拉底。

富兰克林将上述13种品德写在了一个笔记本上，并制成一个小册子，每日都要对着小册子逐条反省自己的行为。他在自己的自传中提到了这种方法，他写道：

“我的目的是养成所有这些美德和习惯。我认为最好还是不要立刻全面地去尝试，以致分散注意力，最好在一个时期内集中精力掌握其中的一种美德。当我掌握了那种美德以后，接着就开始注意另外一种，这样下去，直到我掌握了13种为止。因为先获得的一些美德可以帮助其他美德的培养，所以我就按照这个主张把它们像上面的次序排列起来。”

富兰克林的经验告诉我们，自省可以帮助一个人取得进步。经验可以变成商品，变成钱财，是价值之源。然而只有记录下来的、经过认真思索沉淀的经验，才能转变为有价值的东西。

一个人命运上的差别不是由他们的遭遇决定的，而是由他们对待遭遇的态度决定的。为了能做一些对生活有益的事，我们必须从遭遇中汲取有价值的信息。

理想的反省时间是在一段重要时期结束之后，如周末、月末、年末等。在一周之末用几个小时去思索一下过去7天中出现的事件。月末要用一天的时间去思索过去一个月中出现的事情，年终要用一周的时间去审视、思索、反省生活中遇到的每一件事。

自我反省的时间越勤越有利。假如你一年反省一次，你一年才知道自己做对了什么，做错了什么。假如你一个月反省一次，你一年就有了12次反省机会。假如你一周反省一次，你一年就有52次反省机会。假如你一天反省一次，你一年就有365次反省机会。反省的次数越多，犯错的机会就越少。

自我反省能让自己知道明天应该做什么、应该如何去做，可以让自己不再盲目地生活。那么，我们该反省什么呢？

(1) 人际关系。你今天有没有做不利于人际关系的事？在与某人的争执中你是否也存在不对的地方？对某人说的某句话是否得体？某人对你不友善是否有什么特殊原因？

(2) 做事的方法。今天所做的事，处理是否恰当？是否有不妥之处？怎样做才会更好？有没有补救措施？

(3) 生命的进程。到目前为止，你做了些什么事，有无进步？时间有无浪费？目标完成了多少？

反省的目的在于：

(1) 可以修正自己的言行和方向。

(2) 借修正来使自己进步。

如果男孩真的做到了经常反省自己，相信你的人格会不断得到完善，才能会得到最大限度的发挥，成功也就离你不远了。

反省助你破译自我魔镜

爱因斯坦小时候是个十分贪玩的孩子，他的母亲常常为此忧心忡忡，再三的告诫对他来讲如同耳边风。他 16 岁那年的秋天，一天上午，父亲将正要去玩的爱因斯坦拦住，并给他讲了一个故事，正是这个故事改变了爱因斯坦的一生。

“昨天，”爱因斯坦的父亲说，“我和咱们的邻居杰克大叔去清扫南边工厂的一个大烟囱。那烟囱只有蹬踏梯才能上去。你杰克大叔在前面，我在后面扶着扶手，一阶一阶地终于爬上去了。下来时，你杰克大叔仍旧走在前面，我还是跟在他的后面。后来钻出烟囱，人们发现了一个奇怪的事情：你杰克大叔的后背、脸上都被烟囱里的烟灰蹭黑了，而我身上竟连一点烟灰也没有。”

爱因斯坦的父亲继续微笑着说：“我看见你杰克大叔的模样，心想我肯定和他一样，脸脏得像个小丑，于是到附近的小河里去洗了又洗。而你杰克大叔呢，他看我钻出烟囱时干干净净的，就以为他也和我一样干净，于是就只草草洗了洗手就大模大样上街了。结果，街上的人都笑痛了肚子，还以为你杰克大叔是个疯子呢。”

爱因斯坦听罢，忍不住和父亲一起大笑起来。父亲笑完了，郑重地对他说：“其实，谁也不能做你的镜子，只有自己才是自己的镜子。拿别人做镜子，白痴也会把自己照成天才。”

爱因斯坦听了，顿时满脸愧色。从那以后，爱因斯坦逐渐离开了那群顽皮的孩子，他时时用自己做镜子来审视和映照自己，终于映照出了他生命的独特光辉。

自己的那面镜子就是“反省”，或者称为“自省”。

正如孔子所说：人苦于不自知。人的很多迷惑和苦难都是不自知的结果。为了看见自己，人类发明了镜子，但镜子只能照出人的外貌，却看不见人的内心。要看见更真实的自己，我们就要利用一面能照出内在自我的魔镜——内省。

林肯诚恳地说过：“我相信自己绝不至于老到不能说话时，仍能大言不惭。”他愿意随时承认自己的错误，使他赢得了共事者的尊敬和亲善。当他在南北战争中对格兰特将军的挺进方向判断错误时，立刻写信说：“我现在想私下向你承认，你对了，我错了。”

一位教授曾经说：“如果我对一件事情的处理方法不奏效，那么我相信我必定还有许多东西未学会。可能我需要求助于别人，或是事情的后续发展会告诉我如何解决。不管如何，我首先得肯承认自己的错误，然后才能找到答案。”

的确，只有那些肯反省的人，才有自我超越的可能。

中外历史上许多杰出的人物都曾进行深入、细致、全面的自我分析。孔子的学生曾参说：“吾日三省吾身，为人谋而不忠乎？与朋友交而不信乎？传不习乎？”只有进行自省，才能了解自己，对自己进行正确的认知和评价。也只有这样，才能扬长避短，驾驭情绪，让自己的人生道路少些坎坷，多些收获。

自我省察对每一个人来说都是严峻的。要做到真正认识自己，客观而中肯地评价自己，常常比正确地认识和评价别人要困难得多。所以说能够自省自察的人，是有大智大勇的人。

自省不是要找到自己的不足来打击自信心，而是通过这样的方式来改进并完善自己。曾国藩一生坚持写“自省日记”，每天记下自己做了哪些事、哪些做得不好、哪些做得出色，他用这样的自省方式来激励自己不断向目标迈进。

圣人也好，伟人也罢，他们都会自省，我们何不也用这种方法来认识自己呢？